生心灵培养丛书

中学生个性心理塑造

姜　越　编著

吉林人民出版社

图书在版编目(CIP)数据

中学生个性心理塑造 / 姜越编著 . —— 长春 : 吉林
人民出版社, 2012.4
 (中学生心灵培养丛书)
 ISBN 978-7-206-08547-5

Ⅰ. ①中… Ⅱ. ①姜… Ⅲ. ①中学生 – 个性心理学
Ⅳ. ①B844.2

中国版本图书馆 CIP 数据核字 (2012) 第 048276 号

中学生个性心理塑造
ZHONGXUESHENG GEXING XINLI SUZAO

编　　著 : 姜　越
责任编辑 : 孟广霞　　　　　　封面设计 : 七　洱
吉林人民出版社出版 发行 (长春市人民大街 7548 号 邮政编码 : 130022)
印　　刷 : 鸿鹄 (唐山) 印务有限公司
开　　本 : 670mm×950mm　　1/16
印　　张 : 10　　　　　　　　字　　数 : 70 千字
标准书号 : ISBN 978-7-206-08547-5
版　　次 : 2012 年 7 月第 1 版　　印　　次 : 2023 年 6 月第 3 次印刷
定　　价 : 35.00 元

如发现印装质量问题, 影响阅读, 请与出版社联系调换。

中学生个性心理塑造

目　　录

目　录

战胜羞怯

情感共鸣

李丽芬是初一三班的一名普通学生，她是在农村读完小学的。小学毕业后，父母为了她将来能有出息，想尽办法把孩子的户口转到了城里的姑姑家，于是她进入了城里一所最好的中学读书。

李丽芬学习很刻苦，每天把大部分业余时间都放在学习上，因此，上学期的期末考试她考进了班级的前十名。不过大家还是不太注意这名个子不高，很少说话的乡下女孩儿，李丽芬也很少与别人说话，偶尔说几句，也是眼睛看着地面，声音小得几乎听不见，还混着淡淡的乡音。因此，她在班级其他同学的眼睛里，是个可有可无的人。

这一天上数学课，老师在黑板上出了一道很难的题，全班同学没有一个举手回答。李丽芬的双眼中突然闪亮出平时少有的光

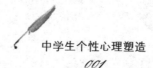

泽，可是又迅速暗淡了下来，这道题她以前做过，甚至可以直接说出答案。但她放在膝盖上的右手只是微微颤动了一下，就又趋于安静了，是她那一直具有的羞怯感剥夺了这次显现自己学识的机会。

她还会有机会吗？

认知理解

心理学家把人的性格分为外向性格和内向性格两大类。内向型性格是指倾向于内心活动的一种性格，其特征主要表现为深沉含蓄，感情不外露，对与己无关的外界事物不感兴趣。性格内向的人，其性格的优点主要是冷静、深沉、稳重；缺点主要表现为孤寂、羞怯、拘谨。外向型性格是倾向于外部世界的性格，其性格的优缺点正好与内向型性格相反。而羞怯具体来说是指害怕与人打交道，在与别人面对面交往时感到紧张、拘束和尴尬、无助等消极情绪，最终可能影响心理健康。实际上，正确认识羞怯的两个方面，并注意扬长避短，才是我们应采取的合理态度。

如果李丽芬同学不改掉她羞怯的毛病，那么她将永远不会拥有展示自己的机会。

操作训练

1. 要克服羞怯，主要应注意做到以下四点：

（1）放下心理包袱，人不可能事事正确，错了可以改正，不成功可作为前车之鉴。

（2）鼓足勇气，与人交往。

（3）相信自己，树立自信心，承认自己在某方面对他人的作用。

（4）努力学会观察生活，掌握交往的技巧。

2．分组讨论

各小组每名同学选取一个最令自己羞怯的场合，然后小组讨论，找出克服这种羞怯的办法。最后以小组为单位，向全班同学报告克服羞怯的心得。

3．班级活动

（1）请同学们列举所看到的羞怯现象。

（2）如果换了自己处于那种羞怯场合，会如何做。

训 练 指 导

教育目的

让学生在尊重自身性格的基础上，克服羞怯心理。

主题分析

进入中学后，由于生理发育和性格倾向的影响，有些中学生在公众场合显得很是拘谨，并有丝丝怯意。其实，初中生变得"怕见生人了""害羞了"，这都是自然规律，造成这一现象的主要原因是生理发育较快，心理发展相对滞后，这一身心发育不均衡导致的。随着心理发展的加快和趋于成熟，这一现象就会得以融解和消失。但是，有些中学生害羞却特别明显，以至于影响了日常生活和学习，这就需要给予恰当的引导，摆脱这一特殊时期的烦恼，促使身心健康发展。

训练方法

讨论与训练

训练建议

1．组织学生讨论羞怯的原因是什么？羞怯的不良影响有哪些？

2．让有经验的同学谈谈他是如何克服羞怯的。

3．教师和学生介绍常见的战胜羞怯的办法。

4．组织班级活动，让羞怯心理较重的学生在活动中体验成功。

培养意志力

情感共鸣

在我国战国时期，洛阳城里有一位年轻人，名叫苏秦。他的4个哥哥都读过书，成为很有成就的人。苏秦也决心像哥哥们那样成为一名游说家，他起初以为不需要多少学问就能游说成功，他到了秦国见到了秦惠文王，然而由于他学问不深，遭到了回绝，他又到了别的好几个国家，结果都碰了钉子。后来他终于懂了，没有学问是一事无成的，于是他下决心发奋读书。苏秦日夜伏案苦读，有一次，读到了深夜支持不住就睡着了，后来，他想出了一个办法，预备一把锥子，一旦要打瞌睡时，就用锥子刺自己的腿，这样精神就振作起来。由于苏秦具有坚韧不拔的意志力，使他最终掌握了渊博的知识，成为当时著名的游说家。

认知理解

性格有一个很重要的特征就是性格的意志特征。

意志是人们自觉地确定目的，根据目的支配、调节行动，克服困难，从而实现预定的目的的心理过程。意志力是人们取得事业成功的条件。关于这一点，宋代著名学者苏东坡曾经说过："古之成大业者，不唯有超世之才，亦必有坚忍不拔之志。"意思是说："自古以来走向成功的人，不仅要有超过别人的才华，还要有坚韧不拔的毅力。"美国心理学家推孟及其合作者经过长达50年之久的对超常儿童的追踪研究也发现，成就最大的160名超常儿童与成就最小的160名超常儿童明显的差异是意志力的悬殊，成就最大组儿童的意志品质，如坚持、自信、百折不挠等，均明显地优于成就最小的那一组。

我想大家都听过张海迪的先进事迹吧。她在很小的时候就瘫痪在床，只有胸部以上有知觉，这样的孩子是不能像正常儿童一样上学的。看着窗外别的孩子高高兴兴地上学，小海迪的心像针刺一样难受，她下决心要像别人一样学知识，于是她求别人先后买来小学、初中、高中、大学的书籍，一天天，一年年忘我地学习着。一晃十几年过去了，功夫不负有心人，小海迪终于成为一名饱学诗书的才女，受到了国家领导人的亲切接见，后来，她还考取了吉林大学的硕士研究生。

坚韧不拔的意志力是走向成功的重要环节。同学们，让我们共同努力，共同坚持奋斗吧！

操作训练

1.意志力自测

现有16道题，先仔细地阅读每一题，然后在5种答案中任选一个，将代号写在题后括号内。5种答案是：a. 完全是；b. 大多是；c. 是与非之间；d. 较少是；e. 不是。

1. 在长跑中很累，发生生理反应时，我会咬紧牙关坚持到底。（　）□

2. 我做作业，一遇到困难，就马上去问老师或家长。（　）□

3. 如果晚上有精彩的电视节目，我会放下手中的功课去看。（　）□

4. 即使天很冷，我都按时起来，准时完成作业。（　）□

5. 只要需要，我能长时间地做一件单调而无兴趣的事。（　）□

6. 我常因读有趣的小说而忘记当天的功课。（　）□

7. 我决定做的事一定要做到，绝不落空。（　）□

8. 如果我对一门功课不感兴趣，就不会好好地学。（　）□

9. 我相信只要有决心，没有做不成的事。（　）□

10. 生活中遇到困难时，常要大人帮我出主意。（　）□

11. 我决定做一件事，总是说干就干，决不拖延时间。（　）□

12. 我常常下决心去干一件事，但是一碰到困难就要打退堂鼓。（　）□

13. 学习上遇到困难时，我总是自己想办法解决。（　）□

14. 我相信"运气"，任何事情成功全靠机遇。（　）□

15. 生活中碰到失败，我不会气馁，常吸取教训，总结经验，在失败中奋起。（　）□

16. 生活中遇到复杂情况，我会不知所措，要别人帮我拿主意。（　）□

评分：凡序号为奇数的题（如1、3、5……）a. 5分；b. 4分；c. 3分；d. 2分；e. 1分。

凡序号为偶数的题，五种回答a、b、c、d、e分别为1、2、3、4、5分，分数分别填在每题后□内，然后计算总分。

评判标准：70分以上，说明意志很坚强，70-55分意志较坚强，55-48分意志一般，48-33分说明意志较薄弱，33分以下意志薄弱。

训 练 指 导

教育目的
培养学生的意志力。

主题分析
坚强的意志力是取得成功的重要因素，通过让学生了解自己的意志力水平，可以有针对性地培养。

训练方法
问卷自测法、训练法。

训练建议
1. 讲解坚强的人的感人故事，让学生从中受到启发。

2. 通过意志力自测问卷，帮助学生了解自己的意志水平。

3. 让学生针对自身意志力较弱的方面，制订一个训练计划。

4. 教师总结。

自学能力的重要性

情感共鸣

有一位世界著名的数学家，在填写学历表时，写了"初中毕业"四个字，顿时引起了许多人的惊疑，他怎么只是初中毕业呢？

确实如此，他就是自学成才的数学家华罗庚。华罗庚从小酷爱数学，简直到了入迷的程度。在他当学徒工时，柜台上经常是一边放着账册、算盘，一边放着数学书，一有空就请教这位不说话的"老师"。他长期坚持自学，功夫不负有心人，19岁时发表了第一篇数学论文；20岁时他用英文写作的数学论文又引起国内外数学界的注意；28岁时当上了西南联大教授。法国人笛卡尔也没有上过大学，却创立了解析几何学，并成为伟大的哲学家、数学家和物理学家。俄国的高尔基，原是一个孤儿，平生只上过几个月的小学。少年时代曾过着流浪生活，当过学徒、厨工、用人、小贩和工匠。他经过艰苦的自学，终于成为无产阶级的大文豪……类似事例不胜枚举。这些事例都说明了一个道理，自学有所得，自学出真知。

认知理解

自古以来，自学就是一种很重要的学习方法。现在，则更是这样。从战略眼光来看，培养自学能力是一项比接受知识更为重要的任务。

20世纪40年代，人类进入信息社会，科学技术出现了急剧发展的局面，引起科学知识总量的猛增和知识陈旧周期的缩短。国外有人认为，60年代以来，科学技术上的新发现、新发明，比过去2000年的总和还要多。根据信息学家的统计，每年出版的书籍有25万种，新增期刊1500种，发表论文500万篇。而知识陈旧周期，从20世纪初到近50年来，已由30年缩短为5-10年。德国学者哈约拜因豪尔经过统计认为，一个科学家一生即使每天夜以继日地学习，也只能读完世界上有关自己专业出版物的5%。学生在校学习，即使上完大学，也只有十五六年，仅占一生的五分之一。只有具备自学能力，才能主动涉猎知识，自行解决问题。而且知识在不断更新，因此不仅是学生，就是科学家也要不断坚持自学来更新自己的知识。

操作训练

测测你的自学能力

本测验题共有25道题，每道题都有5个备选答案，请根据自己的实际情况，在题目后圈出相应字母（每题只能选一个答案），这5个字母所代表的意思是：A很符合自己的情况；B比较符合自己的情况；C很难回答；D较不符合自己的情况；E很不符合自己

的情况

1. 记下阅读中的不懂之处。A、B、C、D、E

2. 经常阅读与自己学习无直接关系的书籍。A、B、C、D、E

3. 在观察和思考时，重视自己的看法。A、B、C、D、E

4. 重视做好预习和复习。A、B、C、D、E

5. 按照一定的方法进行讨论。A、B、C、D、E

6. 做笔记时，把材料归纳成条文或图表，以便理解。A、B、C、D、E

7. 听人讲解问题时，眼睛注视着讲解者。A、B、C、D、E

8. 利用参考书和习题集。A、B、C、D、E

9. 注意归纳并写出学习中的要点。A、B、C、D、E

10. 经常查阅字典、手册等工具书。A、B、C、D、E

11. 面临考试，能克服紧张情绪。A、B、C、D、E

12. 认为重要的内容，就格外注意听讲和理解。A、B、C、D、E

13. 阅读中若有不懂的地方，非弄懂不可。A、B、C、D、E

14. 联系其他学科内容进行学习。A、B、C、D、E

15. 动笔解题前，先有个设想，然后抓住要点解题。A、B、C、D、E

16. 阅读中认为重要的或需记住的地方，就画上线或做上记号。A、B、C、D、E

17. 经常向老师或他人请教不懂的问题。A、B、C、D、E

18. 喜欢讨论学习中遇到的问题。A、B、C、D、E

19. 善于吸取别人好的学习方法。A、B、C、D、E

20. 对需要记牢的公式、定理等反复进行记忆。A、B、C、

D、E

21．观察实物和参考有关资料进行学习。A、B、C、D、E

22．听课时做好笔记。A、B、C、D、E

23．重视学习的效果，不浪费时间。A、B、C、D、E

24．如果实在不能独立解出习题，就看了答案再做。A、B、C、D、E

25．能制订出切实可行的学习计划。A、B、C、D、E

计分与评价：统计你所圈各个字母的次数，每圈一个A得5分，B得4分，C得3分，D得2分，E得1分。把你所得的分数全部相加，算出总分，再对照评价表，就能了解自己的自学能力水平。

总分评价

101分以上：优秀

100-86分：较好

85-66分：一般

65-51分：较差

50分以下：很差

训练指导

教育目的

培养学生的自学能力。

主题分析

自学是一种很重要的学习能力，而今天的教育培养学生的自学能力显得尤为迫切。知识在更新，科技在进步，而这种更新之余，进步之大前所未有。学习已不再局限于学校，学习的时间延

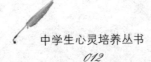

长为终生，学习的空间变为立体。在这种形势下，没有较强的自学能力是很难适应社会发展要求的。现实中，有不少中学生学习缺乏自主性，整日随着老师转，他们认为学习就是完成老师布置的任务，像这样一旦走出校门，在知识的获得方面将显得尤为吃力，势必影响个人潜能的发挥。因此，从战略眼光看，培养自学能力是一项比接受知识更加重要的任务，我们一定要加以重视。

训练方法

问卷自测法、训练法。

训练建议

1. 教师通过问卷自测，让学生了解自己的学习能力。

2. 组织学生讨论自学能力培养的重要意义。

3. 教师向学生讲授一些自学方法，让学生加以效仿。

4. 教师总结。

性格决定命运

情感共鸣

我国著名音乐家聂耳从小就热爱音乐艺术。一个夏天的傍晚，天气特别闷热，聂耳带着小提琴随着母亲和哥哥出门去乘凉。回来时聂耳突然不见了，母亲和哥哥到处去找，但没有找到。第二天一早聂耳回来了，妈妈又担心又心疼地问："孩子，你昨夜到哪儿去啦？"聂耳拍拍琴盒："拉了一夜乐曲。"妈妈嗔怪地说："那也不能不睡觉啊！"聂耳说："妈妈，我昨天在英语读物里读到两句格言，一句是英国的'当干了以后才觉得水的可贵'，一句是伊朗的'当你有了远大理想的时候，你将会用劳动去代替休息。'这两句话说得好极了。妈妈，一天就24小时，我怎么也计划不过来，只得把夜里的时间用上了。"

认知理解

1. 从上面生动的小故事中，可以看出聂耳的一些优良性格。有理想、认真、独立是他对现实态度的性格特征；勤奋、有自制力是他性格的意志特征；持久性是他性格的情绪特征。

2. 性格是有好坏之分的。善于关心、帮助他人，举止文雅大方等都是良好性格的表现，而为人冷漠、对人虚伪、处事固执等都是不良性格的表现。好的性格可以使人能与他人顺利地进行交往，不良的性格不仅有损于个人的人际交往和社会适应，而且也是各种心理障碍和身心疾病的潜在的温床。

3. 一个人的性格是在成长中逐渐形成的，因此，性格不是一成不变的，它可以在生活、工作和学习中有所改变。如果你认为自己的性格不理想，可有意在生活中，在家庭、学校和社会教育影响下，通过自己的实践活动去塑造更优良的性格。

操作训练

《你属于哪种性格类型》测验

下面一组问题可以帮助你判断自己的性格属于何种类型。每道题有三个备选答案，标出你确认的那一种。

测验题

1. 一位漂亮的姑娘搂着小伙子的腰，乘摩托车在人流中飞驰而过，行人议论如下，你同意哪种？

A. "真棒！换成我也这样。"

B. "够本儿，不过有点儿险。"

C. "哼！牛什么呀。"

2. 你衣冠整齐地到外地出差，下火车还要转汽车。刚出站就被几个衣衫褴褛的小孩围住乞讨，你怎么办？

A. 怪可怜的，丢几个硬币吧！

B. 他们真无法生活吗？是否在骗我？

C. 推开他们："去去去!"匆匆搭车而去。

3. 假如有位"仙人"能改变你天赋的素质，你会首先选择哪种？

A. 美貌

B. 智慧

C. 力量

4. 以下方面的名人你最崇拜哪一种？

A. 表演艺术家

B. 科学家

C. 指挥千军万马的将军

5.《红楼梦》中的女子颇多，你最希望谁做你的朋友？

A. 林黛玉

B. 薛宝钗

C. 史湘云

6. 热恋中求爱的话语多种多样，文学作品里对此的描写也是千姿百态，你喜欢哪种？

A. 你是悬在我心头的一颗明星，失去你，我所有的生活将黯淡无光。

B. 此刻我预感到你已跨进了我们共造的爱舟，如果是这样，让我们升起风帆吧。

C. 请相信我，这世上只有我能使你幸福。

7. 清晨你要去见一位久别的朋友。不料刚出门，就被自行车撞了一下，你是否还要去？

A. "今天真晦气。"于是取消了计划，或者虽然去了，但在整个过程中情绪低落。

B. 照样去会朋友，去后告诉朋友，请他别计较自己的情绪。

C. 权当没这回事，有说有笑。

8. 你在忙时，5岁的弟弟哭着跑回来，满脸是血，你怎么办？

A. 惊慌失措，和孩子一道哭起来。

B. 起初慌张，但很快镇定，尽快选择急救方案。

C. 你很快反应是与小朋友打架，很快找到伤口，消毒止血，然后决定下步行动。

9. 有时你想转学，促使你产生此念头的原因首先是哪一个呢？

A. 心情不舒畅。

B. 专长得不到发挥。

C. 上下学交通不便。

10、你到市场买东西，许多小贩向你高声叫卖，这时你会买哪个东西？

A. 到叫卖最动听的小贩处买。

B. 挨个看看，比较质量价钱再决定。

C. 你喊你的，我爱在哪儿买就在哪儿买。

11. 今天上学你穿了套新衣服，同学们夸你漂亮，你怎么反应！

A. 面红过腮，很不好意思。

B. "怎么，想让我请客了。"

C. "你有眼力，说得的确不错。"

12. 亲友间交流感情的好办法之一是写信，信写好后，你一

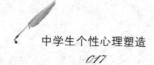

般怎么叠?

A. 左思右想希望弄出个花样。

B. 根据年龄、性别、地位折得整齐。

C. 很随意地折起来。

评分与结论:

若多数选A、B、C数目较接近,则为甲型;若B是多数,A、C数目接近,则为乙型;如C占多数,A、B数目接近,则为丙型;如A、B居多数且数目接近,C很少,则为甲乙混合型,余者类推。

甲型:情绪型。热情而有朝气,善于体察别人的情绪变化,表现力丰富,像一个灵敏度极好的晴雨表。

乙型:理智型。聪明又稳重,善于用理智支配一切,感情适度。

丙型:意志型。目标明确、积极性高而又重责任。风格是瞄准了就干下去,坚定不移,直达目的。

训练指导

教育目的

使学生了解什么是性格,以及如何培养良好性格。

主题分析

性格是指由人对现实的态度和他的行为方式所表现出来的个性心理特征。如勇敢、勤奋、忠诚等都是性格。一个人性格的好坏直接影响着个人的事业、生活。因此,有人说:"性格就是命运"。故在日常生活中应培养良好的性格。影响性格形成因素有先天遗传和后天环境,但更主要的还是后天的社会环境。从事社会实践的性质、深度、广度的不同,所形成的性格就可能不同。应

鼓励学生积极参加学校组织的各种活动来培养良好性格。

训练方法

讲授法、讨论法。

训练建议

1. 先讲个故事，关于性格的好坏影响个人事业成败的故事，以吸引学生注意力。并提问："影响这个人成败的是什么？"

2. 讲授什么是性格及其形成因素。

3. 让同学找出日常生活中常遇到的性格，加深对性格的理解。

4. 组织同学讨论性格在日常生活中的影响及如何培养。

正视错误

情感共鸣

昨天晚上家里来了客人，大家又说又笑，我又没完成作业，今天早上收作业时，我很害怕。只好低着头，吞吞吐吐地小声对老师说："昨天晚上我发烧了，没写完作业。"当时我的心一直跳个不停。

老师停顿了一下，当时并没有批评我，还询问我的病情，并让我在中午把作业补上。可是我觉得老师的眼睛一直在盯着我，同学们的目光也都投向我，好像是一个个探照灯，直射在我身上。唉……说谎的滋味真难受！我在内心叫着自己的名字说："小华呀小华，你怎么不敢把真相告诉老师呢？"

认知理解

1. 说谎有多种动机，有的是为了骗人、欺诈，有的是为了躲

过惩罚……小华的说谎是因为家里来客人，影响了她完成作业，怕受到老师的批评，又怕给老师和同学留下不好的印象，是出于一种天真的自我保护和自尊心理。

2. 要想改掉撒谎的毛病，关键是自己要有成为一个诚实好孩子的愿望。然后有勇气面对自己所犯的错误，不掩饰、不回避。承认错误、改正错误，自己就变成正确的了。做错了事，并不可怕，可怕的是不敢正视错误，这样发展下去会犯更大的错误。天下没有不犯错误的人，犯错误是坏事，但也可变成好事。常言道："吃一堑，长一智。"人总是在挫折中成长壮大的！

操作训练

1. 学雷锋小组，本周日上午8-9点要到光明路两侧清理柏树墙下的垃圾，你头天晚上玩游戏机睡得太晚，早晨起晚了，没赶上活动的时间，星期一你如何向组长交代？

A. 忘了。

B. 找错地方了。

C. 如实坦白，承认错误。

2. "狼来了"的故事大家也许都读过。那个牧羊的少年三番五次欺骗他人，致使他人不相信他。

（1）最后牧羊少年的结果如何？

（2）这个故事告诉了我们一个什么道理？

3. 角色表演

给三位同学各一张纸条，纸条上分别写上自傲的人、自信的人、自卑的人。

提示：用眼神、走路姿势、语调等表现。

4. 下面是一封女孩的求助信，请你给她回一封信。

我是一个初二的女学生，在我读初一的时候，父母就离异了，一个美好的家庭就此破碎，父亲整日精神不振，借酒消愁，我幼小的心灵也受到很大打击。在失去了母爱之后，我结识了一些比我大一两岁的坏学生，她们对我很好，弥补了我的感情空虚。渐渐地，和她们在一起，我学会了逃课逃学，模仿家长笔迹写请假条请假。我学坏了，还学会了撒谎。在老师心目中完全是个无药可救的坏学生。但我不要变坏，我要学好。请您告诉我，我是不是坏女孩？我该怎么办？

训练指导

教育目的

培养学生诚实的良好品质。

主题分析

诚实是每个青少年应具备的品质。由于此年龄段的青少年过于注重别人对自己的看法，为给别人留下良好印象、满足虚荣而撒谎，或者是由于不能、不敢正视自己的错误等原因而撒谎，动机不一。因此，使学生充分认识到诚实的重要性是必要的。另外，更主要的是使学生敢于承认错误，并认识到每个人包括伟人都会犯错误，关键是认识错误所在并加以改正。学生一旦认识到犯错误的普遍性后就会减少撒谎的次数，逐渐改掉撒谎的毛病。

训练方法

讲故事法、讨论法、自由发言法。

训练建议

1. 教师先讲个小故事，如"狼来了"的故事，使学生认识到撒谎的坏处。

2．让学生举出日常生活中由于撒谎而造成不良后果的例子，最好是亲身经历过的，以增加教育性、可信性。

3．教师讲授犯错误的普遍性，可讲述某个伟人犯错误的故事，增强趣味性。

4．教师布置作业：每人写一份以前自己撒谎的事，分析当时撒谎的原因和现在对此事的认识，并设想现在再发生类似错误该怎么办。

自信是成功的关键

情感共鸣

德国著名音乐大师贝多芬17岁那年母亲去世了,饮酒成性的父亲经常没有节制地喝酒,生活放荡不羁。沉重的家庭负担压在贝多芬身上。后来,不幸的贝多芬又有了新的苦恼。在他25岁时,他发现自己出现了耳聋的症状,这使青年有为的贝多芬非常痛苦。32岁的贝多芬耳病越来越严重,几年后失去了听力。但是,贝多芬没有被命运压垮,始终顽强地生活,他在给一位朋友的信中曾经说过:"我要扼住命运的喉咙,它决不能使我屈服。"向我们展示了自信心给人带来的巨大勇气和成功。

认知理解

1. 自信心是人们成长与成才不可缺少的一种重要的心理品质。一个获得了巨大成功的人,首先是因为他有自信心:自信的

人，靠自己的力量去实现目标，他使不可能成为可能，使可能成为现实。一个人如果缺乏自信心，看不到自己的力量，总认为自己不行，久而久之就会形成一种自卑心理，给生活、学习、工作带来消极影响。

2. 我们羡慕那些成功者，然而每一位成功者身后有谁没有品尝过失败的滋味呢？让我们看看某个人的生命历程。

31岁，经商失败。 32岁，竞选州议员失败。

34岁，经商又一次失败。 35岁，经历恋人死亡的打击。

36岁，神经受损伤。 38岁，竞选州议会议长失败。

43岁，竞选美国国会议员失败。 54岁，竞选参议员失败。

56岁，竞选副总统失败。 58岁，竞选参议员失败。

60岁，竞选为美国总统，这个人是亚伯拉罕·林肯。

操作训练

做下面的心理小测验。

题号　题目　　　　　　　　　　　　　　　选择

　　　　　　　　　　　　　　　　　　像我　不像我

1. 我一般不会遇到麻烦事

2. 我觉得在众人面前讲话是很困难的

3. 如果可能，我将会改变我自己的许多事情

4. 我可以轻而易举地做出决定

5. 我有许多开心的事做

6. 我在家里常常感到心烦

7. 我适应新事物较慢

8. 我与我的同龄人相处得很好

9. 我家里的人通常很关心我的感情

10. 我常常会做出让步

11. 我的家庭对我的期望太多

12. 我是个很麻烦的人

13. 我的生活一团糟

14. 别人通常听我的话

15. 我对自己的评价过高

16. 我有许多次想离家出走

17. 我常常觉得我的生活很麻烦

18. 我不像大部分人长得漂亮

19. 如果我有什么话要说，我通常是说出来

20. 我的家里人理解我

21. 我不像大部分人那样讨人喜欢

22. 我常常觉得我的家里人好像是在督促我

23. 我常常对我所做的事情感到失望

24. 我常常希望我是另外一个人

25. 我是不能被依靠的

评分标准：

对照答案；与"标准答案"一样，得"1"分，若是不一样，就不计分。然后把总分乘以4，算出一个新得分。

得分在68-80分之间的，属于自信程度正常的范围；得分在80分以上的，属于自信程度较高的范围；得分在60-68分的，属于自信程度偏低的范围。得分在48-60分的，属于自信程度较低的范围。

训 练 指 导

教育目的

使学生认识到自信的重要及如何培养自信。

主题分析

自信是成功的基石。这是被无数成功和失败所证实的。自信的人永远年轻，自信的人才会成功。因为自信的人做事时情绪稳定，持一种积极的心态，这必然影响认知过程及行为方式，否则，思维狭窄，不利于认知。自信根于自我认识，要想树立自信，就要正确认识自己，对自己做过的事做正确的、积极的归因。树立一些通过自己的努力可以达到的目标。自信往往是在努力过程中培养的，在自己的努力中，发现自己的优点、潜力，建立自信。同时，也可通过一些技巧辅助培养自信。

训练方法

角色扮演法、媒体榜样引导法、讨论法。

训练建议

1. 教师讲两个故事，一个是因为自信而成功的事例，一个是因不自信而失败的事例。

2. 让同学分析两个故事。

3. 讲述林肯的故事。

4. 组织同学演小品，小品主题是自信使人成功，让同学亲自体验到自信的魅力。

学会宽容

情感共鸣

一个年轻的少妇，不慎将丈夫为她买的一副贵重的金项链丢失了。她非常心疼，以致茶饭不思，精神恍惚。几天后，她怀着愧疚的心情小声对丈夫说："我把你给我买的项链弄丢了。"

说完静等着丈夫的埋怨。没想到丈夫听完却耸耸肩，微微一笑，说："那副项链不太适合你，丢了正合适，过两天我再给你买一副更适合你的，好不好？"丈夫的一席话，像一缕清风，吹散了笼罩在妻子心头的惆怅，幸福甜美的笑容荡漾在秀丽的脸颊上。

认知理解

1. 这位丈夫是以一种宽容大度的心理对待妻子的。宽容大度意味着对人的过失和错误不予深究，对犯有过失和错误的人给予深刻理解和极大的信任。当一个人不慎犯有过失或错误，并且造

成损失和不良的后果时，他自己一定会有所认识，感到后悔和痛苦。此时此刻他最需要的是理解和信任。如果他人给予其理解和信任，不但不会使犯有过失和错误的人放任自己，反而会更激励人痛改前非，将功补过。这便是理解和信任的力量。

2. 宽容大度有一种感化作用，它能以情动情，用理解和信任唤起人的良知，使人自觉地修正错误。

操作训练

1. 如果遇到下面几种情况，你怎么处理？

（1）同桌不小心把你心爱的书包弄脏了。

A. 与他吵架，问他为什么不注意别人的东西。

B. 为了解气，把他的书包也弄脏。

C. 原谅同桌，因为他并不是要有意这么做。

（2）你的好朋友与你发生争执，欲弃你而去。

A. 你也同他吵，谁也不让谁。

B. 不理他了，不再与他成为好朋友。

C. 了解到这是你们之间的误会，并向他解释，争取达成共识，继续成为好朋友。

2. 分组讨论

（1）宽容大度有哪些好处？试举例说明。

（2）狭隘猜疑有哪些害处？试举例说明。

3. 短剧表演

（1）刘莎和方红是好朋友，这次月考刘莎成绩不好，很烦恼，跟谁都不想说话，后来她想向方红诉说，并期望得到安慰。但方红看到刘莎满腹心事地来找她，不但没有对刘莎表示理解，反而埋怨刘莎这几天为什么不爱理人，本来说好月考结束后一起去购物也食言了，结果两人闹了点不愉快，好朋友之间发生了矛盾。

（2）张雷要去春游，他向小学时的好友李明月借了一架照相机。春游时张雷不小心把相机掉在地上摔坏了。"我一定买个新的给你，真对不起。"李明月一听笑了起来："没关系，我的相机带子上的接口本来就不紧，我知道它总有一天要坏，至于在你手里，还是在我手里坏还不是一样嘛。"一番话，说得张雷一身轻松，两人的友情又增进了一步。

训练指导

教育目的
使学生认识到宽容的作用及培养宽容大度的良好品质。

主题分析
宽容大度是对别人所犯的错误不予深究，而且对犯错误的人给予理解和安慰。宽容大度是一个人具备良好修养的表现。宽容并非纵容，它给人改过的机会，它给人理解和信任，让人感到人类的博大与美德。通过宽容，来感化犯错误的人，这种情感的力量，比单纯的道理说教更能使人认识到自己的错误，通情达理，就是这个道理。要培养宽容，要正确认识错误是每个人都可能犯的；用换位法考虑事情，避免自我中心。

训练方法
角色扮演方法、讲述法。

训练建议
1. 提供一种情境：某个人做错事（可具体安排与学生生活密切的事，如把同桌的钢笔不小心弄到地上，摔坏了钢笔）。让同学设想，如果你是犯错误的那方，你会怎样？再设想如果你是对方，

该如何做?

2．待同学自由发言后，讲解宽容。

3．根据课后操作训练提供的短剧进行表演。演后，让得到宽容的演员和宽容别人的演员讲感受。

4．教师总结。

了解自己

训练内容

情感共鸣

国外有位心理学家曾观察了一对孪生的女大学生前后4年的生活情况，发现她们虽然外貌酷似，从小到大又生活在同一环境中，而且据她们的父母说，小时候性格差别不大，但在大学生活中却表现出明显的性格差异。姐姐比妹妹善谈吐、好交际，办事比较主动、大胆、果断。每当谈话和回答问题时，总是姐姐先说，妹妹只是点头或摇头，偶尔才进行一些补充。为什么会有这种差距呢？原来从念小学时起，父母就关照"姐姐"要带好"妹妹"，10多年的生活中，姐姐一直承担着照应妹妹的角色，终于塑造了她现在比较外向、活泼的性格，而妹妹养成了比较内向的性格。

认知理解

1. 内向和外向是性格的基本类型。一般来说，性格外向的

人，心理活动倾向于外部，经常对外部事物表示关心和兴趣。他们性情开朗、活泼、善交际。善于在活动与群体交往中表达自己的情绪与情感。他们健谈，交朋友见面就熟，说话大胆，不考虑是否会伤害他人感情。而性格内向的人，很少向别人显露自己的喜怒哀乐。他们在情感方面经常自我满足，珍视自己内心的体验。在人面前容易害羞，说话时有时会慌张，不愿在大庭广众面前出头露面，做事深思熟虑，有时缺乏实际行动。

2. 一个人从一生下来，不能说已经具备了自身的性格，因为那时候他还没有意识，更谈不上对人对事对物的稳定态度。所以说，性格在很大程度上是受社会的影响。对青少年学生来说，主要是家庭、学校、社会环境的影响和熏陶。

操作训练

1. 如果你是位性格外向的同学，常因急躁、粗心，使作业质量受到影响，那么你应如何提高自己的作业质量呢？

2. 强强在众人面前很少讲话，但他做事认真。一次同学小伟病休半个月后来上课，别的同学围着小伟聊这聊那，强强却没说什么，只是把自己的笔记本拿给小伟；运动会上，别人大呼"加油"，还写表扬稿为同学鼓劲，强强却一声不响地为运动员看衣服……

强强的人缘儿会怎么样呢？

3. 《你性格外向吗》小测验

（1）如果有机会的话，我愿意_____

A. 到一个繁华的城市旅行　　　B. 介于A、C之间

C. 游览清静的山区

（2）如果我在工厂里工作，我愿做_____

A．技术性的工作　　　　B．介于A、C之间

C．宣传性的工作

（3）在阅读时，我喜欢_____

A．有关太空旅行的书籍　　B．不太确定

C．有关家庭教育的书籍

（4）如果待遇相同，我愿做_____

A．森林管理员　　　　　B．不一定

C．中小学教员

（5）每逢年节或亲友生日时，我_____

A．喜欢赠送礼品　　　　B．不太确定

C．不愿相互送礼

（6）如果报酬相同，我愿做一个_____

A．列车员　　　　　　　B．不确定

C．描图员

（7）如果待遇相同、我想当一名_____

A．律师　　　　　　　　B．不确定

C．航海员

（8）按照我的个人兴趣，我最乐于参加_____

A．摄影组活动　　　　　B．不确定

C．文娱活动

（9）如果下列工作任我挑选的话，我愿干_____

A．少先队辅导员工作　　B．不太确定

C．修表工作

根据下列计分表，查出每题你应得的分数，汇总即为你的得分。

计分表

	1	2	3	4	5	6	7	8	9
A	2	0	0	0	2	0	2	0	2
B	1	1	1	1	1	1	1	1	1
C	0	2	2	2	0	2	0	2	0

总分：

13-20分：甲——乐群外向型

8-12分：乙——中性向型

0-7分：丙——缄默孤独型

 训 练 指 导

教育目的

1. 了解性格的基本类型。

2. 了解自己的性格特点。

3. 学习如何改善自己的性格。

主题分析

性格是指个人对现实的态度和行为方式中稳定的心理特征。它主要包括4个方面的内容：①对现实的态度，如对待学习或工作是负责、创新还是马虎、守旧；对待他人或集体是诚实、利他还是虚伪、利己；对待自己是自尊、自爱还是自卑、自弃；②意志方面的特征，如对待困难是顽强、有恒心还是软弱、放弃；对待危急情况是勇敢、镇静还是怯懦、惊慌等；③情绪方面的特征，如情绪是强烈、外露、易激动还是脆弱、内向、比较稳定等；④理智方面的特征，如思维的灵活性、独立性、创造性还是刻板、依赖、思想狭隘等。每个人的性格表现是各不相同的。

训练方法

讲述、心理测验法。

训练建议

1. 教师向学生讲述故事，使学生认识到人的性格有两种基本类型。

2. 教师向学生提出具体问题，通过同学们的思考和回答，使学生认识到每种性格类型都有其自己的优、缺点。

3. 教师对学生进行《你性格外向吗》小测验，使学生对自己的性格特点有一个初步的了解。

你了解自己的气质类型吗

情感共鸣

在剧院里，戏已开演了，有四个观众迟到了。

第一位观众企图强行进场，受到检票员的阻止，与检票员发生争执，他强辩说，是你们剧院的钟太快了，于是推开值班人员，径直跑到座位上去。

第二位观众立即明白，检票员是不会放他进去的，他便观察左右，看看有没有机会"溜"进去。

第三位观众看到不让进去，就想，先在外边休息一下再看情况吧！

第四位观众处于这种情况，便想，我真是不走运，偶尔看一次戏，就这样倒霉。然后，垂头丧气地回家去了。

认知理解

人的脾气，在心理学里称为"气质"。古希腊医生希波克拉底曾把人的气质分成四种：胆汁质、多血质、黏液质、抑郁质。上述四位观众分别是这四种气质类型人的典型代表。一般来说，具有胆汁质的人精力旺盛，性情直率，待人热情，容易激动，在行为上表现出不平衡性。心血来潮时，不怕困难，工作热情高，否则，情绪便一落千丈。具有多血质的人，热情、有能力、适应性强，但注意力易转移，情绪易改变，他们富于幻想，办事凭兴趣，不愿做耐心细致的工作，他们活泼好动，敏感、喜欢交际。具有黏液质的人具有较强的自我克制能力，生活有规律，做事埋头苦干，有耐久力，交际适度。这类人的弱点是不够灵活和有惰性。有时对事业缺乏热情。具有抑郁质的人多愁善感、反应缓慢、动作幅度较小，性情内向、平和，感情细腻、丰富，办事稳妥，但有时办事犹豫不决、忸怩、怯懦。

操作训练

1. 分辨下列四名学生的气质类型。

学生参加考试的时候，A. 很沉稳，安静地坐在座位上静静等待考试的开始；B. 焦虑不安，不停地与同学交谈，紧张地交换信息；C. 一遍又一遍地检查考试的准备工作是否就绪；D. 在慢条斯理地对待考试。

2. 遇到下列情况，应怎么做？

林少强，是个易兴奋、易激动的学生。他上课时管不住自己，平时一挨批评就发火，还经常和同学打架。

3. 自我反省。

(1) 你认识一个人必须经过长久的时间才能相信他吗？

（2）当你遇到挫折或批评时，是否耿耿于怀，久久难忘？

（3）你的房间或私人用品是否整理得有条不紊？

（4）你的心事能毫不隐瞒地告诉别人吗？

（5）你是否很容易适应新的环境？

4. 你属于哪种神经类型？

举起你的双手，十指伸直，然后，使你的十指互相交叉，请看一看：是你的左拇指在上呢，还是右拇指在上呢？

假如右拇指在上，那么，你是属于"思想型"的人；左拇指在上，你就是属于"艺术型"的了。原来，大脑是人体思维的器官，但两侧半球分工不同，左侧半球以"逻辑思维"为主，诸如计算、语言、推理等；右侧半球管"形象思维"，见景生情，驰骋想象离不开它。凡左半球功能占优势的，富于理智，善于思考，逻辑性强，具有思想家、政治家、科学家的气质，即为"思想型"的人。凡右半球功能占优势的，富于情感和想象力，多愁善感，具有文学家、艺术家的气质，即为"艺术型"的人。由于大脑半球对两侧肢体的支配是左右交叉的，我们的实验就得出了上述的结果。

这一小实验方法简单，机理复杂，虽不绝对，但意义重大。它帮助你识别自己的神经类型，指导你更好地进行自我设计，选择、发挥优势，从而把自己造就成为最理想的有用之才。

训 练 指 导

教育目的

1. 使学生了解什么是气质以及各种气质类型的特点。

2. 使学生了解自己的气质类型。

主题分析

气质是个性心理特征之一。现代心理学认为，气质是人的高级神经活动类型的特点在行为方式上的表现，它是心理活动的动力特点。气质自身无好坏之分，无论哪种气质类型在其心理特征方面都有积极与消极两个侧面。因此，教师应让中学生在了解自己的气质类型特点后，让他们做到不按气质的差异来埋怨自己气质的不理想，而应发挥自身气质之长，自觉扬长避短，相信"天生我材必有用"；同时，也不能单单根据气质特征去判断、评价他人的优劣。历史与现实都表明，任何一种气质的人都可以成为品德高尚的人，也可能成为有害于社会的人，同一领域内可以找到不同气质类型的代表，都可能获得成功。可见，气质对人的实践活动不起决定作用，只是一定程度地影响着活动进行的性质和效率。

训练方法

讲述与自我反省、心理测验。

训练建议

1. 教师通过实际生活中的一个具体事例，使学生认识到不同气质类型的特点。

2. 通过自我反省和提问，使学生懂得无论哪种气质类型在其心理特征方面都有积极与消极两个方面。

3. 通过测验，学生了解自己的气质类型。

自觉克服嫉妒心理

情感共鸣

孙膑和庞涓曾共同跟随一个师傅学艺。他们学成下山之后，庞涓当了齐国的大将，当时庞涓可以说是志得意满。可是，有一个人总让庞涓觉得不踏实，这个人就是孙膑。庞涓知道，孙膑的谋略远远在自己之上，如果孙膑存在一天，那么他将会有一天的威胁，所以最好的办法是设计除掉孙膑。于是，庞涓便写信把当时仍很落魄的孙膑骗到齐国，并用计挖掉了孙膑的膝盖，同时，把孙膑关在监狱之中。孙膑在认清了庞涓的计谋后，十分痛心，但自己仍在庞涓的手中，为了逃出庞涓的魔爪，孙膑不得不装疯卖傻，让庞涓认为自己已经是一个肉体上、精神上彻底的废人了。终于，孙膑的目的得到了实现，在庞涓放松对他监视的时候，他逃出齐国到了魏国。后来，在齐魏桂陵之战中，孙膑巧用计谋，以少胜多，以弱胜强，打败了强大的齐国军队，并诱杀庞涓，报了自己的深仇大恨。

认知理解

1. 孙膑和庞涓同在一个师傅手下学艺，本应情同手足，但却发展到后来的地步，原因是庞涓嫉妒孙膑。

嫉妒就是因为别人在某些方面优越于自己，而自己又不甘心别人的这种优越性，从而产生的一种由羞愧、愤怒、怨恨等组成的复合的情绪状态。这不是一种健康的情绪状态。青少年学生的嫉妒心理常常表现为：当同学受到赞扬或奖励时，有些学生便会表现出不满或不屑一顾的态度，或大声叫道："他有什么了不起！""我也可以做到！"以此宣泄心中的妒忌。

2. 为了防止由嫉妒而产生仇视或挑衅性情绪，我们应当让自己心理平衡。学会一分为二地看待事物。我们这样想：凡事都既有利又有弊。对失去的东西，应更多地想它的弊。《伊索寓言》中的狐狸，它想摘葡萄却没摘到，可他不说他摘不到，他却说："哎，那葡萄是酸的，有什么好呀，我本来就不想吃。"狐狸用这种方法找到了心理平衡，给自己找到了台阶。所以说，如果我们在面对已失去的东西时，也找个台阶下，"我根本不想吃"可能就不会嫉妒了。

操作训练

1. 假如你在生活中遇到别人嫉妒，你会怎么办？

A. 总想向嫉妒你的人解释。

B. 不搭理嫉妒你的人，暗中和那人对着干。

C. 不表白态度，集中精力做好自己的事。

2. 组织学生学习一些人物传记，然后进行讨论，交流学习心

得，并引导学生思考以下的问题：

（1）这些人为什么能成功？他们成功的秘诀是什么？

（2）嫉妒是一种什么现象？它的本质是什么？人为什么会有嫉妒的心理？

（3）在成功人士的成长过程中，他们经历了什么样的挫折？他们嫉妒别人吗？他们是如何解决的？

（4）我有嫉妒他人的现象吗？我为什么会有这样的现象？应该如何改进？

（5）嫉妒对我们的成长有什么样的影响？它能使我们超越别人吗？或它对我们的成长有帮助吗？

3．自我反省：

（1）我嫉妒哪些人？我为什么嫉妒他们？

（2）他们在什么方面比我优越？他们为什么优越？

（3）如果我要超过他们，我应该怎么办？嫉妒可以完成这样的工作吗？

（4）我嫉妒别人，别人嫉妒我吗？为什么会嫉妒我？我有哪些地方比别人优越？

（5）如果别人嫉妒我，对我落井下石，我的感觉怎么样？我应该怎样对待别人？

训练指导

教育目的

1．教育学生明白嫉妒的危害。

2．教育学生正确认识自我的优势和不足。

3．教育学生自觉克服嫉妒心理。

主题分析

嫉妒是一种由来已久的恶习。嫉妒使得一些人敌视和诋毁在某一方面比自己强的人。这些人不是通过自我的努力来克服自己的不足，取得成功，而是试图给成功的人制造人为的障碍，然后幸灾乐祸，落井下石，来使自己得到一种心理上的满足。因此，嫉妒并不能促进人的心理发展。相反，它是人健康成长中的一块绊脚石，必须加以克服。教育学生消除嫉妒心理，关键在于使学生充分认识到嫉妒的危害，嫉妒不会使人进步，嫉妒阻碍人的成长，教育学生消除嫉妒心理，关键还在于使学生认识自己的长处，发扬自己的优点，从而发展和完善自己，同时也要接受别人的优点和长处，从而从根本上消除嫉妒心理。

训练方法

讲述与讨论、自我反省。

训练建议

1. 教师向学生讲述一个历史故事，使学生明了嫉妒的危害。

2. 教师向学生提出一系列问题，使学生学会如何自觉地克服嫉妒心理。

3. 教师让学生自我反省，从中正确认识自我优势和不足。

保持一颗平常心

情感共鸣

某校一位男生各方面表现都不错，给老师和同学们的印象很好，他本人也认为自己是个较出色的人。但是，他的绘画技能欠佳，无疑这将影响他的形象，至少这位男生是这样想的。于是，每次交美术作业，他都请别人代画一张交给老师。结果，在最后的结业考试中，由于同学们都要坐在教室里完成自己的作品，他无法再找"替身"。尽管他使出了浑身招数，也没有交出一幅合格的作品。老师终于发现了他平时的"虚伪"做法，批评了他，并告诉他要实事求是地做人，不要为虚荣心所左右。

认知理解

1. 虚荣心是指一个人追求一种表面上的荣耀、光彩的心理。虚荣心严重的人常常将名利作为支配自己行动的内在动力，总是

中学生个性心理塑造

依据他人对自己的评价而生存，一旦他人中有一点否定自己的成分存在，自己便认为失去了所谓的自尊，就受不了。有些人在谈论虚荣心强的人时说他们"死要面子，活受罪"，这话一点儿不假。

2. 要克服虚荣心，首先要有平常心，以平常心对待生活、学习和工作，就能消除不必要的心理压力，摆脱虚荣心的干扰。其次要敢于暴露自己的不足。如果你曾经因为怕暴露自己的不足之处而去隐瞒或说谎的话，那么从现在起，不要再向他人隐瞒，索性暴露给他人。最后就是要追求真实的自我。近代著名教育家陶行知先生曾经说过："千教万教教人求真，千学万学学做真人。"

操作训练

1. 全班同学讨论。

(1) "人有脸，树有皮"这句俗语的含义？

(2) "唯我独尊"和"自暴自弃"的行为正确吗？为什么？

(3) 有过考试作弊，涂改家长通知书上的成绩的同学，心理问题出现在哪里？

2. 心理测试题。

1. 你在班集体中的地位如何？（　　）

A. 中心人物　　　　　　B. 主要人物

C. 一般人物　　　　　　D. 不太清楚

2. 你在班级中"人缘"如何？（　　）

A. 很好　　　　　　　　B. 不好

C. 还可以　　　　　　　D. 不知道

3. 你怎样看待家长给你出资上学？（　　）

A. 家长不容易　　　　　B. 应该的

C．我将来要回报　　　　　　　D．没想过

4．你穿新衣服上学时（　　）

A．很高兴　　　　　　　　　　B．不自在

C．喜欢同学谈论我　　　　　　D．不喜欢同学谈论我

5．学校表扬三好学生没有你时（　　）

A．心里很不是滋味　　　　　　B．我要努力争取

C．无所谓，反正我不行　　　　D．三好学生某些地方还不如我呢

6．你的能力与你的学习成绩（　　）

A．很不相符　　　　　　　　　B．很相符

C．较相符　　　　　　　　　　D．不清楚

7．你若有了一笔不少的钱，怎么做？（　　）

A．买学习用具　　　　　　　　B．外出潇洒一回

C．买一件非常流行的服装　　　D．交给家长处理

8．老师批过的考卷发下来了，同学要看怎么办？（　　）

A．让他们看　　　　　　　　　B．让他们看卷把打分折起来

C．说没带　　　　　　　　　　D．我们相互看

9．受到同学嘲笑时，怎样做？（　　）

A．记住嘲笑我的人　　　　　　B．不在乎

C．放学后与他们评理　　　　　D．陷入烦恼中

10．你犯错误的情况多吗？（　　）

A．经常犯　　　　　　　　　　B．偶尔犯

C．很少犯　　　　　　　　　　D．不犯

11．你与同学的交往怎么样？（　　）

A．交往多，朋友多　　　　　　B．想交往，朋友少

C．不过多交往，但有朋友　　　D．不想交往，没有可交的朋友

12. 你的长相与同学相比怎样？（　）

A. 漂亮　　　　　　　　B. 差不多

C. 同学们比我漂亮的多　D. 很差

13. 家长对你的态度如何？（　）

A. 总听我的　　　　　　B. 总不听我的

C. 同我商量行事　　　　D. 总把我当孩子

14. 家长对你的重视情况如何？（　）

A. 家长出门不愿带我　　B. 当着人总夸我

C. 当着人总批评我　　　D. 家长很尊重我

15. 你受到别人尊重吗？（　）

A. 不受尊重　　　　　　B. 受尊重

C. 不太清楚　　　　　　D. 比较受尊重

16. 你经常与同学发生口角吗？（　）

A. 经常　　　　　　　　B. 很少

C. 偶尔有　　　　　　　D. 没有

计分表

	1	2	3	4	5	6	7	8	9	10	11	12	13	14	15	16
A	1	2	2	2	1	1	2	1	2	1	1	2	1	1	1	1
B	2	1	1	1	2	2	1	2	1	2	1	1	2	1	2	2
C	2	2	2	2	1	2	2	1	2	2	2	2	2	2	1	2
D	1	1	1	1	2	1	1	2	1	2	1	2	1	2	1	

评分方法：根据计分表查出你的各题分数，加起来。

评分结果：总分在16-24分者，自尊心发展失常，有虚荣倾

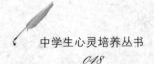

向，需要调整。总分在24~32分者，自尊心发展正常，继续努力。

训练指导

教育目的

1．让学生了解虚荣心的概念。

2．帮助学生分析虚荣心的主要表现，学会克服虚荣心的一些方法。

3．使学生了解自己的虚荣心程度如何。

主题分析

虚荣心是人的一种心理缺陷，是一种不良的心理反应，对人的危害是极大的。人们常把过早谈恋爱的现象称为"早恋"。其实大部分学生都是出于某种虚荣心才"早恋"的，是以向别人炫耀自己如何了不起为目的的，当他们与"恋人"一起走路时，他们会有一种耀武扬威的感觉，花起钱来大手大脚。其实，做这些都是为了给别人看，因为这样能使他们的虚荣心得到满足。因此，作为教师，应使学生认识到虚荣心过强对他们的成长是不利的，中学时代是获得知识的时代，应该用真知实学来充实自己，用真诚待人来完善自己，要向世人展示一个真实的你，唯有真实的你，才是美的，才是令人羡慕的，唯此才能更好地立足于社会，报效祖国。

训练方法

讲述与讨论、心理测验。

训练建议

1．教师通过向学生讲述一个具体的事例，使学生了解虚荣心的概念及其主要表现。

2. 教师让学生进行讨论，从中掌握克服虚荣心的一些方法。

3. 教师对学生进行心理小测验，使学生了解自己的虚荣心的程度。

气质的有效利用

情感共鸣

心理学中的"气质"与我们日常所说的"XX很有气质"含义是不同的。心理学把人的气质类型分为四类：多血质、胆汁质、黏液质和抑郁质。

有一个很经典的例子说明这四种气质类型的人的差异：四种气质类型的人去剧院看戏，都因迟到而受到看门验票人的阻拦。

这时，胆汁质的人会和看门人大吵大闹，而且不顾阻拦闯进剧院；多血质的人看到楼下入口处看守很严，就设法从别的门进；黏液质的人会很规矩地等在门外，直到第一场休息时再进去；而抑郁质的人则会叹息说，真不走运，偶尔来一次剧院，就这样倒霉，说完掉头就回去了。

由此我们可以看出，多血质的人情绪反应弱但迅速，兴奋性、

平衡性、灵活性很高；黏液质的人情绪反应弱而缓慢，不灵活，内向；胆汁质的人情绪反应强而迅速，不灵活，外向；抑郁质的人情绪反应强但缓慢，即敏感，情绪抑郁，不灵活，内向。哪种气质类型最好？

认知理解

气质类型无好坏之分。气质的定义是人的稳固的个别心理特征，包括对外界刺激的敏感性行为反应强度和速度、稳定性、内外倾等特征，是个性的基础部分，与生俱来，很难改变，影响着人的一切行为的外部表现和心理的一切方面。

气质的作用具体而言，第一使个性带有一定的色彩和风貌，但不能决定其人格特征的内容和好坏，如有人天生沉静，有人天生好动，第二使智力活动具有一定的风格和方式，不能预先决定其才能的发展和智力的水平，各种气质类型的人，都有成才的可能性。

没有一种气质类型是十全十美的，都各有优缺点，都有各自适合和擅长的领域。比如抑郁质型的人虽然多愁善感不能接受长期的紧张工作，但世界上不少著名科学家、文学家、作曲家（如达尔文、果戈理、肖邦等人），虽然在气质上属于抑郁质，然而他们也取得了很大成就。当然人的气质并非纯粹的某种类型，通常是混合型。

操作训练

测你的气质类型

下面60道题可以帮助你大致确定自己的气质类型。在回答这些问题时，你认为很符合自己情况的，记2分；比较符合的，记1分；介于符合与不符合之间的，记0分；比较不符合的记1分；完全不符合，记2分。

1. 做事力求稳妥，不做无把握的事。

2. 遇到可气的事就怒不可遏，想把心里话全说出来才痛快。

3. 宁肯一个人干事，不愿很多人在一起。

4. 到一个新环境很快能适应。

5. 厌恶那些强烈的刺激，如尖叫、噪声、危险镜头等。

6. 和人争吵时，总是先发制人，喜欢挑衅。

7. 喜欢安静的环境。

8. 善于和人交往。

9. 羡慕那种善于克制自己感情的人。

10. 生活有规律，很少违反作息制度。

11. 在多数情况下情绪是乐观的。

12. 碰到陌生人觉得很拘束。

13. 遇到令人气愤的事，能很好地自我克制。

14. 做事总是有旺盛的精力。

15. 遇到问题常常举棋不定，优柔寡断。

16. 在人群中从不觉得过分拘束。

17. 情绪高昂时，觉得干什么都有趣；情绪低落时，又觉得什么都没意思。

18. 当注意力集中于一事物时，别的事很难使我分心。

19. 理解问题总比别人快。

20. 碰到危险情景，常有一种极度恐怖感。

21. 对学习、工作、事业怀有很高的热情。

22. 能够长时间做枯燥、单调的工作。

23. 符合兴趣的事情，干起来劲头十足，否则就不想干。

24. 一点小事就能引起情绪波动。

25. 讨厌做那种需要耐心、细致的工作。

26. 与人交往不卑不亢。

27. 喜欢参加热烈的活动。

28. 爱看感情细腻、描写人物内心活动的文学作品。

29. 工作学习时间长了，常感到厌倦。

30. 不喜欢长时间谈论一个问题，愿意实际动手干。

31. 宁愿侃侃而谈，不愿窃窃私语。

32. 别人说我总是闷闷不乐。

33. 理解问题常比别人慢些。

34. 疲倦时只要短暂的休息就能精神抖擞，重新投入工作。

35. 心理有话宁愿自己想，不愿说出来。

36. 认准一个目标就希望尽快实现，不达目的誓不罢休。

37. 学习、工作同样一段时间后，常比别人更疲倦。

38. 做事有些莽撞，常常不考虑后果。

39. 老师或师傅讲授新知识、技术时，总希望他讲慢些，多重复几遍。

40. 能够很快地忘记那些不愉快的事情。

41. 做作业或完成一件工作总比别人花时间多。

42. 喜欢运动量大的剧烈体育活动，或参加各种文艺活动。

43. 不能很快地把注意力从一件事转移到另一件事上去。

44. 接受一个任务后，就希望把它迅速解决。

45. 认为墨守成规比冒风险强些。

46. 能够同时注意几件事物。

47. 当我烦闷的时候，别人很难使我高兴起来。

48. 爱看情节起伏跌宕、激动人心的小说。

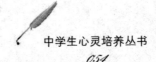

49．对工作抱认真严谨、始终一贯的态度。

50．和周围人的关系总是相处不好。

51．喜欢复习学过的知识，重复做已经掌握的工作。

52．希望做变化大、花样多的工作。

53．小时候会背的诗歌，我似乎比别人记得清楚。

54．别人说我"出语伤人"，可我并不觉得这样。

55．在体育活动中，常因反应慢而落后。

56．反应敏捷，头脑机智。

57．喜欢有条理而不是麻烦的工作。

58．兴奋的事常使我失眠。

59．老师讲机关报概念，常常听不懂，但是弄懂以后就很难忘记。

60．假如工作枯燥无味，马上就会情绪低落。

确定你属于哪种气质的办法如下：

1．把每题得分按下表题号相加，并算出各栏的总分。

2．如果多血质一栏得分超过20，其他三栏得分较低，则为典型多血质；如这一栏在20以下，10以上，其他三栏得分较低，则为一般多血质；如果有两栏的得分显著超过另两栏得分，而且分数比较接近，则为气质加胆汁——多血质混合型，多血——黏液质混合型，黏液——抑郁质混合型等等；如果一栏的得分很低，其他三栏都不高，但很接近，则为三种气质的混合型，如多血——胆汁——黏液质混合型或黏液——多血——抑郁质混合型。

多数人的气质是一般型气质或两种气质的混合型，典型气质和三种气质混合型的人较少。

胆汁质　2 6 9 14 17 21 27 31 36 38 42 48 50 54 58 0

多血质　4 8 11 16 19 23 25 29 34 40 44 46 52 56 60

黏液质　1 7 10 13 18 22 26 30 33 39 43 45 49 55 57

抑郁质　3 5 12 15 30 24 28 32 35 37 41 47 51 53 59

教育目的

理解气质的含义和特点，并进一步认识和把握自己的气质特点。

主题分析

心理学中的气质是人的稳固的个别心理特征，是个性的基础部分，各种气质类型无好坏之分，都各有所长，各有所短。现实中的人的气质类型都是混合型的，不单纯属于某一类型，这也使他成为独特的个体，使他的个性特征带有与众不同的色彩和风貌。气质很难改变，人们可以认识自己的气质类型，针对其主要特点、选择相应的工作领域和生活方式，也可以针对其主要缺点有意识地加以修正。

训练方法

测验法、匹配法。

训练建议

1. 发给学生人手一张"气质自测表"，让学生测出自己的气质类型。

2. 训练学生对各种气质类型特点的理解，以匹配题的形式让学生把气质类型与相应的性格特点和职业联系起来。

如何面对别人的荣誉

情感共鸣

高二（一）班的张华和高二（三）班的张乐是一对好朋友，不料到了校学生会改选时成了仇敌。张乐性格开朗，和老师同学都能打成一片，而张华个人能力虽强，群众基础却不好，于是学生会改选时竞争主席的张乐和张华就显出了很大差距，张乐得了几百张选票，而张华只有可怜的几十张，张华心里一下子特失落，他可是总与张乐平起平坐的呀！于是张华不愿再搭理张乐，见着张乐也只会讽刺挖苦，背地里说张乐的坏话，到了最后的学生会公布名单时，张乐固然是主席，可选举时倒着数的张华也荣升副主席。后来张华得知是张乐力荐的他，说他有能力有潜力，是难得的人才，张华羞愧万分。

我们学过的课文《将相和》说的也是类似的故事，廉颇不服

蔺相如的功绩和荣誉，处处为难他，可蔺相如不以为意，反而敬重廉颇的才能，真可谓心胸的一狭一阔，鲜明对比。

我们的内心都有着竞争意识，当周围的同伴得到了比自己优越的利益或荣誉时，你心中怎么平衡？内心深处有些犯酸的感觉也很正常，只要大方向和主流不要偏。

认知理解

面对他人的荣誉，我们的原则是，不羡慕也不嫉妒，虚心地赞美或欣赏他。

嫉妒、羡慕都是人性的弱点，不论你多么逞强地压抑它，你还是会希望超越他人，关键是因势利导。

1. 把这种本性良性地发展下去，产生向上心，力争使自己更完善，名正言顺地胜过他或换个角度赶上他。

2. 或者放宽自己的胸怀，以一颗公正的心来评价：他是否应得这荣誉？如果确实应得，我们找差距，向他虚心学习，如果不应得，我们根本不必在意，他或是个沽名钓誉之辈，我所不交，或是个偶然的失误，不会长久。

某种程度的羡慕可以直接向对方用言语表达，这是非常好的表现。因为每个人都喜欢听赞美的话。但如果你失去了警惕而燃起了妒意，这妒意经过不完全燃烧后，会使双方都受伤害。正当的褒奖是身为朋友的人的一项重要任务，这除了要有勇气把不易说出口的话坦白地说出口，更需要有勇气面对自己的弱点。虚伪的或尖酸的夸赞则会是友情的致命伤，也是你个性上一笔浓重的污点。

操作训练

1. 描绘人物心态：

（1）甲得了个大奖，心中欣喜无比，这时恰逢朋友来访，甲非常想_____。

（2）乙和同学一起参加英语比赛，同学得了奖而乙没得上，本想躲过同学的领奖场面，不料走廊迎面碰见他兴冲冲地拿着奖品奖状，乙_____。

（3）甲乙本是朋友，评优秀学生时，乙比甲多了几票当选，甲落选，甲语气不善地对乙说："你蛮厉害，真难干啊！"乙心中_____。

2. 全班交流讨论第1题中的答案，选出刻画最细腻最逼真的几段，选演员实地表演出来。

3. 辩论"怎样正确看待荣誉"？

正方：荣誉代表个人实际能力。

反方：荣誉是过眼烟云的参考。

4. 课外阅读白居易的诗：

蜗牛角上争何事，石火光中寄此生。随富随贫且随喜，不开口笑是痴人！

训练指导

教育目的

从心理的角度培养学生心胸豁达的品质，明确如何正确面对他人取得的成绩。

主题分析

人性的弱点之一是在他人尤其是身边的人取得成绩或荣誉时，难以理智公平地加以肯定、欣赏，发展不善的则会发展为嫉妒、嫉恨、敌对等不良情绪。如何引导学生正确对待他人取得荣誉的

事实呢？首先是从认知上根本性纠正，不把他人的荣誉看成对自己的威胁，而看成对自己的一种鞭策，一种激励，纠正完认知后要以行为训练加以巩固深入，真正地让自己身心一致地平和地对待他人取得的荣誉。

训练方法

认知作业法、角色扮演法、辩论法、阅读法。

训练建议

1. 让学生完成课本上的情景造句，设想特定情景下的人物心理想法。

2. 讨论上题情景中的答案，选出几段，组织学生在课堂情景中表演出来。

3. 组织一个小型辩论，主题是如何看待荣誉。

4. 课外时间阅读白居易的诗，借鉴名家对荣誉的看法。

学会坚强

训 练 内 容

情感共鸣

美国：电视里播放的一部故事片中，有一个镜头：年轻的母亲在啜泣，才几岁的儿子对母亲说："妈妈，谁欺负你了？我要保护你，等我长大了我要保护你!"

中国：一个极为普通的家庭，当孩子惹了祸回家时，母亲总得一边听着孩子的哭诉一边皱着眉自语道："你什么时候才可以长大，不让妈妈这么操心呢？"

这两个场景似乎是众所公认的常识，中国的孩子心理柔弱，不够坚强，浪漫和天真是他们的特点。而坚强的意志确是人生中每一点成功的保证，中国的学生如果不能独自顶住风雨，总躲在浓荫大树下安全快乐地成长，是经不住挫折和考验的。

你从记事起至今遇到过考验和打击吗？是否一帆风顺，风平

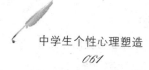

中学生个性心理塑造

浪静？经历的单调会让你把"坚强"只停留在口头或字面的程度，你体会过坚强的真正含义吗？

认知理解

坚强是一种重要的意志品质，通常体现在面对考验和挫折的时候。我们要培养坚强的意志，是因为首先高中生的学习是一种艰苦的活动，我们常常会遇到许多这样的课题：如克服诱惑、保持注意、稳定情绪、战胜困难、坚定信心、应付挫折等等，无一不需要坚强来保证。怎样才能培养自己的坚强呢？

1. 树立正确的生命观，信心不倒。

2. 有应对困难与挫折的心理准备。人生难免坎坷，对此有心理准备的人，才会冷静处理，坚强度过，否则会惊慌失措，进而灰心丧气，一蹶不振。

3. 改变情境。改变挫折情境，到秀丽的风景区、嫩绿的草地、浓密的山林去活动，使人心胸开阔，增添力量。

4. 掌握解除挫折引起的焦虑的方法。如发泄法、转移法、情感升华法等。

5. 读名人传记、摘名言警句常常激励自己。

操作训练

1. 现在社会上出现了"磨难教育""挫折教育"的说法或做法，旨在提高青少年儿童的意志品质，甚至很多家长都主张把孩子送到贫苦的农村去吃吃苦，这活动的反响有赞成有反对，你怎么想？究竟利大于弊还是弊大于利？

利有：

弊有：

权衡：

2. 做下面的自我测验"面对困难",看看你是否需要警钟长鸣：坚强一点，别趴下！

1. 公路上发生了一起交通事故，警察控制了局势，你则：

A. 停下来，打听一下事实真相，设法给予帮助

B. 停下来袖手旁观

C. 继续走你的路

2. 就在你准备去度假时，家里或单位急需你留下

A. 义无反顾地去度假

B. 你非常不情愿地留下来，且满腹牢骚

C. 留下来，改变度假日期

3. 抱怨自己的身体

A. 经常

B. 有时

C. 从不

4. 在大街上发现某人不省人事时：

A. 赶紧离去

B. 设法帮忙

C. 找警察或叫大夫

5. 当大夫劝你多注意休息，改变一下日常生活习惯时，你：

A. 不予理睬

B. 减少日常活动

C. 原原本本地接受

6. 很不幸，你在某件事上已失败过两次，当别人劝你作第三次努力时，你：

A. 拒绝

B. 满腹狐疑地再试一下

C. 先考虑一会儿，做一番研究，然后再做尝试

7. 书读到精彩部分时，也到了睡觉时间，特别是第二天的工作还需要你全力以赴去完成：

A. 接着读，直到该打住的地方为止

B. 把这部分匆匆浏览一下

C. 立即合起来，躺下睡觉

8. 在某次聚会中，突然发现你的上衣或裤子破了：

A. 赶快回家

B. 极力掩饰

C. 请朋友帮忙，以摆脱困境

9. 当你确认自己已被跟踪时，你：

A. 撒腿就跑

B. 停下来和那人谈话

C. 继续往前走，直到一个咖啡厅或别的有人地方

10. 你不幸将多年的积蓄丢得一干二净：

A. 精神和肉体受到极大打击

B. 向朋友借钱

C. 耸耸肩，重新开始

计分：

回答A得10分，B得5分，C得0分

结果：

50-100分者：不是命运与你作对，而是你自己缺乏勇气。你应采取措施，使自己不要过分好奇、怀疑或胆小怕事，要敢于正视现实。

25-45分者：你能正视人生，应付自如，希望你能持之以恒。

0-15分者：能完美地处理各种问题，从不向困难折腰，你是命运的主人。

训 练 指 导

教育目的

培养学生坚强的个性品质。

主题分析

"世上无难事，只要有心人。"要做一个"有心"就应具有坚强的个性品质。中国现今的学生一般只是一味地升学考试，在日常的学习生活中缺乏培养坚强这一意志品质的意识。如何在日常的学习生活中磨砺坚强这一优良个性，如何增强自己坚强应付困难和挫折的能力，这正是本课的要旨所在。

训练方法

讨论法、测验法。

训练建议

1. 举出当今社会上关于培养孩子的常见做法，让学生讨论其利弊。

2. 让学生自测一下自己的坚强度，鼓励学生有意识地培养自己更加坚强。

坚持到底就是胜利

训 练 内 容

情感共鸣

一位旅人，在茫茫沙漠中迷失了方向，他又渴又饿地倒下了。求生的本能驱使他去扒身下的黄沙掘水，他扒了许久，扒出一个洞，仍没有见到水，就死心地倒在一边等待死亡。后来，又有人从这片沙漠经过，发现了他的尸体和洞，人们在洞里又扒了几下，就见到了潮湿的沙土，再扒，就见到了水。

这个可怜的旅人，如果他有这样的决心："扒下去，与其躺着等死，不如死在挖掘之中。"他就得救了，他死在胜利的边缘。

这看似关于死亡的故事，与我们学习、生活都是同理。X生去参加高考，第四科是英语，考下来她自觉很糟，认为再考下去也无录取的希望，第二天，其余同学都去参加最后一科考试了，她只是躺在床上叹气。结果，高考成绩下来时她就英语成绩差点，

其余几科都在前列。如果她不放弃最后一科的考试，再坚持下去，她很可能就会考上的！胜利往往是属于最后的坚持不懈者。

认知理解

北宋文学家苏东坡说："古之立大事者，不唯有超事之才，亦有坚忍不拔之志。"所以今之成功者，持之以恒也是一项必备素质。

学习是件需要坚持的事，但半途而废却是常事，我们怎样培养自己恒心与耐力呢？

这是个日积月累的过程，可以从小事做起。不要总为自己设立宏大的难以实现的目标，比如一天背50个单词，这很难坚持，我们要先建立一个大目标、大框架，了然于胸后再客观地量力而行地分成若干阶段目标，再依此每天实现一些，让自己坚持一段就有成就感，就自我激励，又向总目标迈向一步！慢慢磨炼自己。

另外，坚持体育锻炼也是培养坚持力的好方法。如坚持慢跑，不仅锻炼身体，还可增强信念，培养毅力；还可以坚持记日记、读文章等，关键不要找借口间断；最后，可以借助外界的督促，或者以有耐力的同学为榜样，不断激励自己。

操作训练

1. 阅读下面的时间表，讨论坚持和毅力的作用，并可补充类似的事例：

人物著作	写作所用时间
司马迁《史记》	18年
司马光《资治通鉴》	19年
达尔文《物种起源》	22年
法布尔《昆虫记》	30年

摩尔根《古代社会》　　40年

2. 让你来做心理咨询师：

王敏同学非常苦恼，她有积极向上的愿望，也有未来的理想和目标设计，可她常常管不住自己，学习几天就去玩了，之后很愧疚：浪费了太多的时间。于是她就咬牙跺脚地下决心要从此好好发奋，她立了计划书，可每次总坚持两天就全盘废弃。别人说她："常立志，不如不立志。"她现在来到这里，诚恳地向你咨询我怎么了？还有救吗？

3. 思考：耐性对人际交往有何益处？

（参考：耐心倾诉与坚持心平气和地说服）

训 练 指 导

教育目的

培养学生的恒心与毅力。

主题分析

人人都知道："坚持到底就是胜利。"可事情的失败仍十有八九输在最后几步。上一课所谈的"坚强"与本课的"坚持"是有所区别的，坚强重在"在遭遇重击时不退缩"，不泄气，而"坚持"则在于长时间地付出努力，艰难地保持"坚强"，直到最终克服困难，度过挫折。可以说，"坚强"是一种硬度，而"坚持"是一种"韧度"，两者兼备，才能稳操胜券，本课将让学生领会"坚持"的意义，有意识地自我培养持之以恒的毅力。

训练方法

阅读法、角色扮演法。

训练建议

1. 让学生了解古今中外大家的巨大成功背后的惊人毅力，领会"坚持"的重要意义。

2. 让学生置身于一个心理咨询师的角色上，对一名虚拟的没有恒心与毅力的同学进行咨询，从而不但进一步领会任何成功都来之不易，需要点点滴滴的积累与坚持，更深入思考如何培养持之以恒的品质。

3. 讨论、思考恒心对人际交往的帮助。

挑战你的性格极限

训|练|内|容

如果你是一个活泼的人，你可以连续三天让自己沉默寡言；如果你是一个内向的人，你就要逼迫自己五天主动出击与人交往，并保持谈笑风生的姿态，结果会怎样？

这是《青年月刊》杂志"生存训练营地"的一次活动，内容是"向你的性格极限挑战"。

杜清华，志愿者之一，性格内向，她为自己制订了主动出击的计划。首先从课堂上开始，第一个站起来回答平时大家都不愿回答的问题，可因事先没有好好准备，效果不太理想。于是第二次做了精心准备在文学社大会上精彩亮相，给同学们一个惊喜。

自此以后，她惊喜地发现，自己主动出击的次数越来越多，在宿舍里不管别人想不想听，硬把《廊桥遗梦》给大家讲了一遍；晨练时，主动地和留学生打招呼，在以前即使他们主动冲她喊"Hello"，她理都不理他们；在食堂门口，与送酱油的师傅聊天……看似这些都是无聊的小事，其实不然，从这一点一滴开始，她成功地向自己的性格挑战！

认知理解

性格是一个人比较稳定的现实生活态度和习惯化了的行为方式。比如说，一个人在各种不同的场合总表现得热情友善，谦虚自律，遇事坚定果断，深谋远虑，这种对人对己对事的稳定态度和习惯化的行为方式，就是这个人的性格。

生活中我们可以见到各种各样不同性格的人，我们属于哪一种性格呢？由于人的性格是很复杂的，心理学家各自提出了很多性格类型的划分方法。

有人依据人的心理活动更多倾向于内心还是外部，划分为内向型和外向型两种。内向型的人不善交际，沉静、多思、反应缓慢、适应环境困难；外向型的人具有良好的适应性，活泼、开朗、善于交际。

有人根据人所具有的竞争性不同，把人的性格分为优越型和自卑型。优越型者具有优越感，特别好强，凡事不甘落后，总想胜过他人；自卑型者有很深的自卑感，不与人竞争，遇事退避三舍。

实际上，每个人的性格是很难以一种纯粹的形式出现的，每个人都有区别于他人的性格特征，所有的事实都会证明，一个人想彻底改变性格几乎是不可能的。但我们可以通过性格训练，克服自己个性中明显的弱点。改变性格不会在一朝一夕内完成，那么我们从今天开始试图改变一点点，只要一点点，我们的生活就可能发生意想不到的变化！

操作训练

1. 像"情感共鸣"中的主人公那样，为自己制订"性格改变计划"，并马上付诸行动，写下自己的感受和成果，向同学汇报。

2. 试一试以下小测验。

（1）你的性格是内向还是外向？

对于下面一组题目，请根据自己的实际情况回答"是"或"否"：

a. 对人十分信任

b. 喜静安闲

c. 能在大庭广众之下工作

d. 工作时不愿人在旁观看

e. 不常分析自己的思想和动机

f. 遇有集体活动愿留在家中而不去出席

g. 自己擅长的工作愿意别人在旁观看

h. 宁愿节省而不愿耗费

i. 能将强烈的情绪（如喜、怒、悲）表现出来

j. 很讲究写应酬信

k. 不拘小节

l. 常写日记

m. 与观点不同的人自由联络

n. 非极熟悉的人不轻易信任

o. 好读书而求甚解

p. 常回想自己

q. 喜欢常常变换工作

r. 在群众场合中肃静无哗

s．不愿别人提示，而愿别出心裁

t．三思而后决定

分析：第一、三、五、七、九、十一、十三、十七、十九题为第一组，其余为第二组，第一组"是"多，那你性格是外向的，如果第二组"是"多，性格是内向的，如果两者相差不多，属于中间型。

（2）你想象看到一片树林和草地，你走进这个园林，一个牌坊上写着你自己的名字。然后想象你会看到什么动物，可以是虎、狗、羊等任何一种动物，这里出现的特征都象征着你自己。如马是精力旺盛、好动、爱自由、容易鲁莽冲动、有口无心。鹰是爱好自由、勇敢、坚强，同时也骄傲、孤独。

（3）你画一间房子，房子前画一棵树，一个人。树代表生命力，房子代表心理健康与否，人的大小代表自信程度。线条流畅，代表性格平和。线条直、硬代表性格坚硬，这种人或是刚直不阿、疾恶如仇，或是顽固执拗。线条断断续续、零散混乱是心理疾病的征兆。

3．你认为自己的性格给自己的学习、生活带来了哪些影响？哪些方面需要改进，试举出事例一二。

训练指导

教育目的

1．使学生了解性格的特征。

2．使学生了解自己的性格特点，学习如何改善自己的性格。

主题分析

性格是指个人对现实的态度和行为方式中稳定的心理特征，

是个性重要的组成部分。每个人的性格表现是各不相同的，这样世界才变得丰富多彩。可是，每个人的性格又不都是十全十美的，许多同学也常常为此苦恼不已。"性格能够改变吗？"这成为许多同学关心的问题。心理学的研究表明，性格是有可塑性的，只要你有恒心与毅力，完全可以改变自己的性格。通过本课的学习，让学生了解自己的性格特点，看看有哪些方面需要改进，在教师的指导下制订训练计划，并马上付诸行动。

训练方法

实际训练法、自我测验法、作业法。

训练建议

1. 通过心理小测验让学生了解自己的性格特点。

2. 结合生活实际，让学生找出自己性格的哪些方面需要改进，并在教师指导下制订"性格改善计划"。

3. 教师要让学生明白，性格的改善是一件长期艰巨的工作，教师和学生都不要操之过急。

向孤独告别

情感共鸣

这是一位高二学生的日记。

"我坐在三楼教室的靠近窗户的一个座位上。当时外面下着蒙蒙细雨，四周静极了，只有物理老师在讲台上操着他那永不改调的外地口音喋喋不休。我可能有些疲倦了，好长一段时间，望着窗外默默地发呆，从窗户向外望去能看到与学校邻近的一个公园。公园里绿色葱茏，透过树林，能隐约看到小山坡上的一个凉亭的红色顶尖。我出神地望着，沉浸在一片茫然的思绪中。突然，从公园的广播里传出一段悠远的乐曲，听起来是那么凄婉而忧伤，它就好像是从我心里弹奏出来的，我的泪水一下子夺眶而出，奔流不止……我觉得自己那么孤独，那么渺小，我沉浸在伤感中，又隐约地体验到一种快意，一种积郁已久的释放……"

中学生个性心理塑造

这种孤独感，你可曾体会过呢？

认知理解

青年活动群体具有群聚性，独立自主令人骄傲而自豪，但其最大的副作用是孤独。没有一个年轻人不曾体验过孤独与伤感，在细雨蒙蒙的初春，在落日凄美的黄昏，在不知为何而流的泪水里，在沉默里，在写满了唯有自己能读懂的诗句里和日记中……青年的哀伤与孤独无边无形，它们来源于外界的伤害，而更多的是来源于内心的惆怅。没有人能很容易地说清楚这种感情，可是，它们却渗透在每一片叶子和每一株花蕊中，弥漫在每一缕晨光和每一丝轻风里。如果你长时间沉浸于这种体验中，就会影响到你的个性和行为特征。而反过来，闭锁性心理和内向的性格更容易体验到孤独。

孤独，其实也是我们成长和走向社会的必经之路，它对人的成长和成熟具有重要的意义，使我们体会和了解人独特的个性。但长时间的孤独却不利于我们健康地成长，孤独所带来的消沉、寂寞、难过、失望和痛苦等消极情绪如果长久地盘踞在心中，就有可能造成孤僻的性格，而孤僻和社会生活是很难相容的。实际生活中，许多人正是苦苦地挣扎于孤独的烦恼之中，站在离我们心灵遥远的地方呼唤理解，渴望摆脱孤独。

操作训练

1. 回想自己以往有无孤独的体验？发生在什么时候？什么情境之下？对自己的成长有何影响？

2. 讨论。认识到孤独是一种常见的心理体验，但也有其危害性，讨论造成孤独的原因有哪些？摆脱孤独的方法有哪些，大家轮流发表意见，最后由老师归纳总结。

3．老师向同学介绍几种摆脱孤独的方法。

（1）沟通法。勇敢地打破内心的禁锢，敞开心扉，袒露自己的内心世界，寻求理解、信任和支持。具体地说可以广交朋友，努力与同学沟通，同时力求与老师和父母沟通，他们的建议和意见常常包含着自己人生的经验，可以帮助我们少走弯路。

（2）移情法。生活告诉我们，越是沉湎于孤独，越是难以摆脱孤独，而丰富的生活可以转移我们对引起孤独的事物或内心世界的注意，使思想感情从孤独的束缚中游离出来。所以，培养多方面的兴趣，如集邮、唱歌、文学、体育等等，孤独的时候把精力放在具体的学习和活动上，可以减缓孤独感。

（3）意志法。磨炼自己的意志，我们依靠自己坚定而顽强的意志扭转孤独的感觉，努力使自己快活起来，相信自己的一切，相信孤独很快就会过去，甚至强迫自己不把这种孤独的感受放在眼里。类似这样的种种自我暗示对走出孤独是不可缺少的。

4．每个人写一份成长宣言"向孤独告别"。

训练指导

教育目的

使学生认识孤独，走出孤独，完善和发展自己的个性。

主题分析

孤独，是一种没人能说得清的情感，可是在年轻的世界里，它却是个摆脱不掉的影子，当你心中有烦恼又难以启齿时，你会产生孤独；当你因误解和性格不合而失去朋友时，你会产生孤独；当你不被人理解时，你会产生孤独……年轻的心是多疑而易碎的，高中生常常会因为不被社会和成年人理解、认可而产生莫名的孤独感。然而，孤独感会引发挫折感、寂寞感和心理上的自我封闭和孤立，这对于一个人自身的完善与发展是十分有害的，教师要引导学生正确认识孤独，给他们创造条件，鼓励他们战胜孤独。

训练方法

回想法、讨论法、讲解法、作业法。

训练建议

1. 通过学生回想自己以往的生活经历，体验孤独给自己带来的不良影响。

2. 组织学生讨论，对孤独的认识有所提高，大家总结摆脱孤独的方法有哪些。

3. 通过老师讲解摆脱孤独的方法，增强学生战胜孤独的信心。

4. 让学生写一份"向孤独告别"的成长宣言，完善和发展自己的个性。

应对挫折

情感共鸣

　　法国物理学家伦琴小时候学习很好，但他比较淘气，爱开玩笑。在上中学时，一个顽皮的同学故意在黑板上给一位老师画了一张漫画，这位老师知道后十分生气，但没调查就一口咬定是伦琴画的，学校以不尊重师长的名义把他开除了。伦琴被开除后没有放任自己，在家自学。后来，征得学校同意，他参加了毕业考试，成绩十分优秀，然而学校坚持不发给他毕业证书，因此他上不了大学。以后他几经挫折与努力，终于以优异成绩被瑞士苏黎世学院录取。毕业时，一位物理教授认为他是个很有发展前途的人才，想留他当自己的助手，可学校一查他的履历就拒绝留他。这些坎坷并没有影响伦琴，经过了20年的努力，他终于担任德国沃兹堡大学的校长，后来发现了X射线，成为第一个获诺贝尔物理学奖的科学名人。

认知理解

心理学家艾里克森认为：我们每一个人都必须经历一些可以划分得清楚的人格成长阶段；而每经历不同的阶段，都会遭遇不同的挫折，面对不同的生活目标与责任。

有人说：如果世界上有一件事是肯定的，那就是我们每一个人都会遇到挫折和困难，倘若我们深知这一点，就应该使自己有所准备，训练自己掌握一定的本领，用以战胜将要面临的困难。

心理学家以黑猩猩为例做过实验，结果是挫折过小，它就表现不出激情，对解决问题不感兴趣；挫折过大，它又失去信心，拒绝去解决困难；只有挫折适中时，黑猩猩才肯做出超出他们实际能力的事。人作为比黑猩猩更高级的动物，即使挫折较大，也应该承受得住挫折的考验，满怀激情地去解决困难。

我们只有正视现实，正视自己，勇敢地采取行动，才能应对挫折，不被挫折压垮，在挫折中勇于前进！

操作训练

1. 组织辩论会

正方：挫折是成功的前奏。

反方：挫折使人失败。

2. 结合辩论会进行讨论：

（1）如何理解挫折的含义？

（2）如何正确面对挫折？

3. 寻找名人小故事或生活中真实的例子，看看他（她）们是怎样应对挫折的？对你有什么启发？

4. 回想自己遇到哪些挫折？自己怎么解决的？同学们交流一

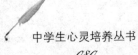

下，想想还有没有别的应对办法？

5. 教师设置受挫情境，观察同学的反应，如：无故受老师批评、解题时故意给错数就怎么也解不出来等等，结合他们的表现教师讲解有关挫折知识，指导应对方法。

6. 具体应对方法。

（1）树立正确人生观、世界观。大文豪托尔斯泰说过：人生是一件很沉重的工作，要学会正确看待社会、看待人生。

（2）做好充足的心理准备，有战胜挫折的勇气和信心。

（3）改变情境，指改变使人遭受挫折的环境和心境，使人振奋精神，心胸开阔，应付挫折十分有力，可以包括参观、登山、郊游等等。

（4）学会应付挫折引起的焦虑的方法，可采用发泄法、转移法、升华法等等。

（5）应用成功体验法，创造机会，使自己获得某些成功，有了成功的体验，可以改变受挫的心理与自卑心理。

训练指导

教育目的

1. 使学生认识到困难和挫折是我们生活中不可避免的事情。

2. 帮助学生建立对待挫折的正确态度，掌握基本的应对办法。

主题分析

挫折是个体在从事有目的的活动过程中遇到障碍或干扰个人行动目标不能达到，需要得不到满足。当挫折来临时，不同的人对待困难和挫折的态度是不一样的，其结果也就完全不同。有的

人面对挫折感到痛苦和失望，消极对待，甚至对生活、对自我放弃；有的人面对挫折，迎难而上，积极努力，迅速成熟和坚强起来，从而战胜挫折。挫折是高中生在生活和学习中常会遇到的问题，在心理上造成极大的痛苦。因此，教师要帮助他们正确对待成长过程中所遇到的挫折，并教育他们如何应付所遇到的挫折，增强挫折的耐受力，从而成为生活的强者。

训练方法

辩论法、讨论法、榜样法、回想法、情境训练法、讲解法。

训练建议

1. 组织同学开展辩论和讨论，提高对挫折的正确认识。

2. 结合学生的生活实际，创设挫折情境，提高他们的应对方法，注意不要造成学生心理上的伤害。

3. 通过寻找名人故事，汲取榜样的力量。

4. 教给学生应付挫折的方法，提高他们的抗挫能力。

正确对待孤独

情感共鸣

大四的时光，最是空闲无聊，女友们纷纷拍拖以消磨日子，我不愿随大流，也就只有独处了。当然，说大四纯粹是消磨时光或许并不正确。

于是每逢周末，当女友倾巢而出时，我就只有蜗居宿舍。偶尔，我也出去走走，一个人找个清静可心之处转上两圈。此时便会招来一些怪怪的目光，直刺得我逃回宿舍去，在自己的小红桌前面坐下来，这才感觉到一份真正属于自己的温暖与烂漫。

独处自有独处的妙处。

独处使我得以静静地回味大学四年时光该做的或者不该做的，自己的进步与遗憾。许多不可多得的人生品味溢然其间，风风雨雨四年，我最终没有愧对光阴，这是我引以自慰的地方。独处使我冥想，编织一份流浪的情怀，千里迢迢去寻找我的理想，不管成功与否，可贵的是热情，可贵的是经历，可贵的是一份执着的追求。

独处逼你去独自直面人生，独自去解决一切难题，于不知不觉中培养了一份自强自立的能力。当然，某些时候，朋友、老师、家庭的安慰和支持也是必不可少的，可我们为什么就不去独立做一株大树呢？枝叶婆娑，花朵满树，是真正属于自己的一份自豪。

独处同时还使我超脱。独居一室，杳无人语，而户外车马喧哗。这正是超脱尘俗的感觉，能在尘世中求得一时的解脱，身心俱宁，也不失为人生一大乐趣。

认知理解

生活中每个人都有独处的时候，这时有的人会感到很难得，有的人则会感到孤独。其实独处并非仅是脱离人群，更重要是一种心境。青春花季的中学阶段，是一个人在思想方面最为丰富的时期，也是感情上最为变幻的重要阶段。而在这段时间里，在花季少男少女的内心最易产生那种无边无际的孤独感。或许你经常看到有的同学喜欢独来独往，自感鹤立鸡群；有的同学经常一个人伫立窗口，向外久久眺望，甚至家长、亲人不理解自己，不体贴自己，好像他被抛进了被人遗忘的角落，特别想找个人来倾诉一番。其实，这些感觉每个中学生或多或少都会有，因而我们要学会正确对待这份孤独。

操作训练

1. 花季里产生孤独的原因

有心事。许多中学生由于学习成绩差，性格内向、朋友少、师生关系不和谐等原因，使自己陷入一种苦闷而孤立无助的心理状态。

高处不胜寒。有的学生是由于成绩突出或某一方面的特殊才能把自己与同学间的距离拉远，进而陷入孤独。

成长的烦恼。青春期的少男少女身心发生了很大的微妙变化，如情绪上的多愁善感，生理上的成熟以及各种潜在的心理变化都会使中学生产生孤独感。

2. 孤独的益处

孤独虽然有诸多不宜，但中学生朋友们也应该充分意识孤独是不可避免的。你应充分利用它，像上文的作者一样，不要扩散孤独的不良影响，而是当作一次反省自己的机会，利用独处的各种妙处。

3. 解除孤独感的途径

摆脱自我中心。在中学生这个特定的年龄段里，很容易形成自我中心观念重的特点，表现出对外界人和事的冷漠，这样不好。在生活中，中学生应尽量多和他人交往，密切自己与他人的关系。

多接触社会，锻炼自己的性格。要多帮助别人，主动配合他人。学会与他人合作，尽管竞争是不可避免的，但掌握合作的技巧也相当重要。

学会欣赏自然。当自己感到孤独时，千万不要听之任之，而要努力改善这种心态。到大自然中去，欣赏草地、森林、白云、田野、鸟鸣、山川、河流，这时你内心将充满说不清的喜悦与激动，孤独将不驱自散。

教育目的

分析孤独产生的原因，帮助学生找到消除孤独的途径，以及如何充分利用孤独的有利方面。

主题分析

中学阶段是青少年感情丰富、情绪多变、思想逐步丰富、自我意识增强的时期，中学生在这一时期极易产生孤独感，有的同学不能够正确对待这种孤寂的感觉，会因此而形成一些不良个性，如孤僻、怯懦、自卑等。因而教师在训练过程以及生活中应注意帮助同学正确对待内心的孤独和独处，使学生的个性健康的发展，像文章中所说的那样，充分利用独处的时间，思考一些问题。真正感到孤独时，就找一些办法来克服，如多与同学、家长或老师交流，说出内心的烦恼，或读一些富有哲理的书等。

训练方法

经验交流法、认知理解法。

训练建议

1. 教师可在课堂上组织学生互相交流内心的看法，探讨如何对待孤独感。

2. 结合切身的感受，教师与同学共同分析每个人在生活中都会产生孤独感，这是非常自然的。大家应以积极乐观的态度对待它。

3. 本文的重点在于使学生知道如何充分利用孤独的积极作用。

失败是成功的垫脚石

训练内容

情感共鸣

近日，日本组织17户市民到上海居民家中做客，日本妈妈的教子方法使中国人大开眼界。有个一岁多的日本小孩抓起桌子上一只生馄饨就往嘴里塞，中国房东想制止，其母却说："让他吃，这样才知道生的不能吃。"小孩子咬了一口，果然皱着眉头吐出生馄饨。有个日本小孩摔了一跤，先是哭着求救，后见无人相助，便自己爬了起来。中国房东"看不懂"。日本妈妈说："让他尝试失败，才能获得成功。"

日本妈妈为何要对孩子进行"失败教育"呢？一位日本学者解释说："我们国家是能源贫乏国，任何事情都要靠自己努力，对孩子进行失败教育，使他们在失败中学会本领，将来才能自食其力。"日本人就凭着这种紧迫感教育自己的子女，使孩子从小养成能吃苦，会努力的韧性。日本之所以能够在战后短短几十年的时间内一跃成为世界科技大国，虽然原因很多。但是，与他们对孩子一贯施行"失败教育"不无关系，日本的孩子从小就养成了不怕挫折、勇于竞争、勇于拼搏的顽强性格。

而我国的家长们就没有日本妈妈那么狠心，他们舍不得让孩子吃苦，担心他们经不起"失败教育"，希望孩子永远在蜜水中长大。不错，日本是能源贫乏国，所以对孩子进行"失败教育"，然而我国的能源也没有到达"取之不尽用之不竭"的程度，那么我们是否应该进行"失败教育"，让孩子尽早自食其力呢？我们每位学生都能找到正确答案吗？如果实施失败教育，作为被教育者，你们是否赞同呢？

认知理解

每个人的人生路都是漫长而曲折的，谁都要在生活中遇到大大小小的失败，面对失败，你是退却，还是勇敢地面对。尤其是现代的中学生，沐浴着改革开放的阳光，顺利地成长起来，大多数同学都是在充裕的物质条件下和家庭与社会的百般呵护下长大的，没有经历过失败和挫折，所以一旦遇到一些失败，会给你们带去严重的打击，有些同学会由于无法忍受而产生各种问题。

因此，你们要有足够的思想准备面对失败，比如说高考的失利，家庭的变故等。要敢于面对生活中的不如意，在失败中吸取教训，正如日本母亲让孩子经历失败，然后总结经验一样。

操作训练

1. 人人都会失败，永不失败是对上帝而言的，世人谁都要经历失败。

所以当你失败时，不要认为你最倒霉，一切都与你过不去。

其实，每个人的失败都是不同的。失败无法逃避，关键在于我们如何对待失败。

2．以柔克刚地面对失败。

困难似弹簧，你弱它就强，你强它就弱。面对困难，你要勇敢地承认自己的不足，并乐于弥补不足，千万不要产生畏惧心理。如果你害怕失败，失败将使你意志脆弱，自信崩溃。你只有意志顽强的、信心十足的去克服困难，才能战胜失败，走向成功。

3．变失败为垫脚石。

当你面临失败打击时，首先要准确地限定失败的范围，不要主观地扩大失败的影响。不因一次失败而全盘否定自己。然后，正确地总结失败，找出多种可能的原因，对症下药。

失败是对你的挑战和考验，这是成功者自然而然会遇到的问题。失败是一种历险和启悟，提醒你目前做错了什么，本来它是一块成功道路上的绊脚石，聪明的人可以把它变成更大成就的垫脚石。

失败只能压倒弱者，唯有经历奋斗方能成为坚强的人。失败时以一种健康、冷静的心态去奋斗，找到失败的原因，吸取教训，你就会把危机变成机会。当你遇到困难能一次次超越失败，你的智慧、能力、经验就会不断增加，你的心态也就越来越积极。久而久之，你便会成为一个更优秀、更成功的人。

所以说，失败是一笔巨大的财富，你且享用吧！

训练指导

教育目的

1．提高学生对失败和挫折的正确认识。

2. 培养学生的抗挫能力。

主题分析

现代的中学生从小就生活在优裕的物质生活条件下，在家长的百般呵护下长大，绝大多数同学都没有经历过挫折和失败，一帆风顺地进入了高中，高中的学习更加紧张，竞争也更加激烈，很多同学一遇到失败会产生挫折感，由于生活的舒适和经历的简单，中学生在挫折和失败面前往往会显得非常脆弱，甚至一蹶不振，这是目前中学生当中普遍存在的问题。因而，心理课的一项重要任务就是让学生正确认识挫折和失败，以良好的心理素质面对挫折与失败，不被失败打倒，而是在经历失败以后，变得更加顽强，更加成熟。

训练方法

讲解法、实例分析法。

训练建议

1. 结合名人如何对待失败的例子分析失败乃常事，关键在于我们如何看待。

2. 本课教师重点在于帮助同学从失败中吸取教训。

走向成功的法宝

情感共鸣

刘亦婷，今年18岁，高高的个子，白净漂亮的脸蛋上总挂着微笑，是成都外国语学校高三学生，今年4月她同时收到了美国哈佛大学、哥伦比亚大学、威斯利大学和蒙特好利优克大学的录取通知，而且这四所世界一流的名牌大学全都为她提供全额奖学金。正如哈佛大学的录取通知所说："因为你不同寻常的优秀素质和综合才能，我们决定录取你。"要知道，今年全世界报考哈佛大学本科的考生多如过江之鲫，超过了1.8万名，而其中只有1650名学生有幸被录取。

刘亦婷出生在成都市一个普通的知识分子家庭，父母都是从事文字工作的编辑，父母对她的早期教育可以说是成功的，使刘亦婷有一个健康的身体和健全的人格。但刘亦婷是凭什么非凡能力才取得如此辉煌的成绩的呢？从她身上有哪些我们可以学习和借鉴的个性品质呢？

认知理解

刘亦婷是一个成功者，取得了令同龄人羡慕的成就。我们可以从刘亦婷和其他成功者的身上受到很大的启示并发现值得借鉴的东西。

每个人都追求成功，但真正的成功者是有强烈的动机，明确的目标，坚忍不拔、顽强的意志力，良好修养的人。成功的人对这个世界充满了无限的爱心且有旺盛的精力，全面的能力以及良好的人际关系。

中学时期同学们之间的成就是没有显著差异的，因而我们每个人都要相信自己会取得成功，将来会成就自己的一番壮丽事业，但我们必须了解成功者具有的特征以及如何成为一个成功者。

操作训练

1. 成功要素

"巴比伦成功学院"的两位教授多年研究总结出17个"成功要素"。即积极的心态，明确的目标，多走一步，缜密的思考，自律，控制自己的心智，运用自信，和蔼可亲的个性，上进心，热心，全神贯注，团队精神，从挫折中学习，富有创意的远见，控制时间和金钱；保持良好的身心健康和运用自然规律。

这17个成功要素并不是作者凭空捏造的，而是从美国千百个成功人士的经验中得来的精华。它并不神秘，明白易懂，只要你牢记并运用这些要素，你就能够培养并保持积极的心态，在这17个要素中，积极的心态是第一要素，而所有的要素最终也是为了获得积极的心态，因为离开积极的心态，追求成功是不可能的。

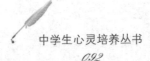

现在你就勇敢地分析自己吧，看看这17种要素中，自己向来用的是哪几项，哪些又是自己一直忽略的，今后把这些原则作为衡量自己的标准，分析自己的成功与失败，这样你就会很快明白是什么在妨碍你向前，排除了妨碍，你就获得了积极的心态。

2. 成功者应具备的种种能力

作为一个成功者，必须具备种种能力，尽管有些能力不是必需的，可因人而异。

领导能力，无论你现在是不是领导，但都应有领导的智、仁、勇，并且有远大志向。

决策能力，良好的决策能力，源于你对事物走向的准确把握，源于你充分的知识储备和长期形成的良好素养，这是一个人综合水平的集中体现。

创造能力，要能够常常想别人所不敢想，做别人所不敢做的事，具有"发散性"的思维特征，不拘泥于习惯性思维。

适应能力，当你遇到与自己意见相反的见解时，你能倾听别人的意见吗？你善于改变自己的错误吗？

表达能力，良好的口头表达能力和书面表达能力是成功者能力的具体体现。

主动能力，成功者的动机来自内在动力，而不是他人的压力，成功从来只光顾主动出击的人们。

此外，还有协调能力，自我控制能力，组织能力，计划能力，判断能力，把握整体目标能力，合作能力等。能力的培养和提高是获得成功的资本。

3. 成功潜力测试

美国哈佛大学的心理学家戴维·麦克利兰和其他一些学者已

经发现成功者所具备的一种重要的人格特征，将其称为"动机A"，还设计了一种能很快显示某人是否具有该特征的测试方法。现在，你马上可以做个简单的测验，不过，你必须把本书交给你的朋友，请他们帮你准备测验，测验最好几个人一起做，这样效果比一个人做更可靠。测验工具为一套儿童投环玩具或飞标等类似的替代物。测验在宽敞的空地上进行，目的是要把手中的环投中目标，每人投5次，投环者在投环时离目标的远近由投环者本人决定。让其他人帮助记录投环者离目标的距离及投中的结果。

结果分析：凡站得离目标很近或很远的人都不具备想获得成功的动机。只有选择恰当位置，即离目标不近不远，有可能投中但必须做一番努力的人才具备最大的成功潜力。这项测验如今已被全世界广泛使用。

训 练 指 导

教育目的

使学生了解成功者所具备的基本心理素质和能力。

主题分析

中学生，思想已逐渐走向成熟，开始在内心里不断勾画自己未来的蓝图，有些甚至满怀雄心壮志，对未来充满了无限憧憬，想象着成功时的喜悦。追求成功与卓越是每个人的正常心理需要。但是，成功者不仅要有非凡的特殊能力，而且要具备优良的心理素质。所以在中学时期，教师就要让学生了解成功者必备的一些心理素质，在学习和生活中有意的来培养学生的这些素质，为他们将来的成功打下必要的基础。然而，成功者所具备的基本心理素质大多数属于个性范畴，如自律、积极乐观、自信、自制等，所以把本课列入个性心理完善单元。

训练方法

实例分析法、现场实验法。

训练建议

1. 教师可带领学生到操场上现场进行"成功潜力自测试"，及时对学生的成功潜力做出恰当的评价。

2. 让学生课后阅读一些成功者的故事，自己领会一些道理。

3. 本课的重点在于使学生在生活中自觉地逐步培养自己良好的个性。

不轻言放弃

情感共鸣

　　美国总统林肯的故事对你一定会有启发。当时，他失业了，这显然使他伤心，但他下决心要当政治家，当州议员。糟糕的是他竞选失败了。他着手开办企业，可一年不到，这家企业又倒闭了。在以后的几年间，他不得不为偿还企业倒闭所欠的债务而到处奔波。他再一次决定参加竞选议员，这次他成功了，他内心萌发了一丝希望，认为自己的生活有了转机。第二年，他订婚了，但离结婚还差几个月，未婚妻却不幸去世，这对他精神上的打击实在太大了。他心力交瘁，数月卧床不起。

　　两年后他觉得身体状况有所好转，于是决定竞选州议会议员，可他失败了。又过了五年，他又参加竞选美国国会议员。仍没有成功。

林肯虽一次次地尝试，却一次次的遭受失败：企业倒闭、竞选败北，但他没有放弃。三年以后，他又一次参加竞选国会议员，最后终于成功了。两年任期很快过去，他决定争取连任，结果很遗憾，他又一次落选了。

因竞选失败他赔了一大笔钱，他申请当本地的土地官员，又未成功，接连的失败，林肯没有服输，没有放弃。六年后，他竞选参议员，又失败了，两年后，他竞选美国副总统提名，被对手击败；又过两年，他再一次竞选参议员，还是失败了。

林肯尝试了11次，只成功了两次，处于这种境地，他仍没有放弃自己的追求，一直做自己生活的主宰。终于，他当选为美国总统。

认知理解

著名作家和演说家希尔曾说过："伟人就是那些具有特别坚强意志和决心的普通人。"意志是人们为了满足某种需要，自觉地确定某种目标，并克服困难，调节行为以达到目标的心理过程。意志的本质是人的主观能动性，人能够在行为之前预料行为过程及结果，能够制订计划。并按计划去克服困难实现预定目标，这种自觉地按自己意志改造世界的行为，就是人主观能动性的表现。

人的意志行动是以明确自觉的目的为主导的，其关键在于克服困难，正如林肯面对各种不断的困难，没有退却，没有逃跑，他坚持着，奋斗着，压根没想过要放弃，他以顽强的意志追求着，最后获得成功。成功就在这"坚持——再坚持——再坚持"的信念之中，在意志力的推动下获得的。

操作训练

1. 教你一招。

人生是所学校，在这里，不幸是最好的老师。当你遇到困难和挫折，可能会让你懊丧万分。这时候，有一个基本原则可用，而且永远适用，这个原则非常简单，即"绝不放弃"。放弃必然会导致彻底的失败，甚至导致人格的失败，这种失败心理将影响你的一生。

不因失败而变成懦夫。你尽了最大的努力还是没有成功，不要放弃，只要开始采取另一个行动就行了。如果新的方法行不通，那么再换一种方法，直到找到解决目前问题的办法为止。任何问题都是可以解决的。只要继续不断用心循着正道去寻找，你总会找到解决问题的办法。

2．再试一次。

有一个有趣的实验，有人用窗格玻璃把一个水池分隔成两半，右一边放进鲮鱼，在另一边放进鲦鱼，鲮鱼很喜欢吃鲦鱼。开始时，鲮鱼飞快地往另一边游，要去吃鲦鱼，可一次次都撞在挡板玻璃上，通不过去。一会工夫，就再也看不到鲮鱼往那边游了。鲮鱼放弃了努力。更有趣的是，甚至当实验者把挡板玻璃抽出来后，鲮鱼也不再尝试去吃鲦鱼了。鲮鱼对于吃鲦鱼失去了信心。人们在现实生活中何尝不是如此？在很多情况下，把你同你的目标分离开的玻璃板实际上早已不存在了，可你已经放弃了努力。假如你再去试一次，你或许会成功。所以当你认为自己失败时，再去勇敢地试一次吧！

3．意志品质自测。

下面有20道题，请你认真阅读，然后进行选择，A表示经常如此，B较常如此，C时有时无，D较少如此，E非如此，在每题之后，你都要选出自己的答案。

（1）我很喜欢长跑、远途旅行、爬山等体育运动，但不是因为我的身体条件适应这些项目，而是因为它们能使我有毅力。

（2）我给自己订的计划常常因为主观原因不能如期完成。

（3）如没有特殊原因，每天我都能按时起床不睡懒觉。

（4）订的计划应有灵活性，如完成计划有困难，随时可以改变或撤销它。

（5）在学习和娱乐发生冲突时，哪怕这种娱乐很有吸引力，我也会马上决定去学习。

（6）学习或工作遇到困难时，最好的办法是立即向老师、同学求援。

（7）在练长跑中遇到生理反应，我常常咬紧牙关，坚持到底。

（8）经常因读一本引人入胜的小说而不能按时睡眠。

（9）我在做一件该做的事之前，常能想到结果，而有目的地去做。

（10）如果对一件事不感兴趣，那么不管它是什么事，我的积极性都不高。

（11）当我同时面临一件该做和一件不该做的事情的吸引时，经过激烈的斗争，会使前者占上风。

（12）前一天下定决心做的事，第二天却没了劲头。

（13）我能长时间做一件枯燥无味但重要的事情。

（14）遇到复杂情况时，我常优柔寡断，举棋不定。

（15）做一件事之前，我首先想其重要性，再考虑自己的兴趣。

（16）遇到困难时，我希望别人帮我拿主意。

（17）我决定做某件事后，常说干就干，不拖延。

（18）和别人争吵，虽然明知自己不对，还是说过头的话。

（19）希望做一个坚强有毅力的人，深信"有志者事竟成"。

（20）我相信机遇，机遇的作用大大超过个人努力。

计分方法：

凡单序号题，A、B、C、D、E相对应的是5、4、3、2、1分，凡双序号题A、B、C、D、E相对应的是1、2、3、4、5分，81-100分：意志很坚强。61-80分：意志较坚强。41-60分：意志品质一般。21-40分：意志较薄弱。0-20分：意志很薄弱。

训练指导

教育目的

培养学生的意志力。

主题分析

现代中学生普遍缺乏意志力。有很多高中生同学向我请教这样的问题："自己知道功课学得不太好，也非常想好好学习，但就是管不住自己，总想一些事情或去做一些与学习不相干的事。怎样才能管住自己呢？"这就明显反映出中学生意志薄弱的问题，这也是由中学生的身心发展、生活经验所决定的。自然这些也给心理课提出一项重大课题，即如何培养学生顽强的意志力。其实，意志力的提高并非一天两天的事情，需要一个长时间磨炼的过程。因而，教师不仅在心理课上，而且在学生实际生活和学习当中都要注意意志力培养问题。

训练方法

讲述与讨论法、测验法。

训练建议

1. 结合学生实际与学生共同探讨如何预习、听课、复习、科学合理地安排学习时间，使自己的生活非常有规律，每天都按此规律进行，在这一过程中逐步提高意志力。

2. 可给学生留作业，要求每个人制定一份生活作息表，然后监督并指导学生执行。

如何正确利用自我暗示

查理·B.罗斯在《每年如何推销两万五》一书中提到底特律的一伙推销员利用一种方法使推销额增加了100%，纽约的另一伙推销员增加了150%，其他一些推销员使用同样的方法则使他们的推销额增加了400%。

"使推销员们取得如此成就的魔法究竟是什么?"

"这所谓的扮演角色……不过就是想象你处于各种不同的销售情况，然后再找出方法，直至在出现各种实际销售情况时你知道该说什么，该做什么为止。"

"推销员之所以能取得好成绩，不过是善于处理各种不同的情况。"

"每次你同顾客谈话时，他说的话、提的问题或反对意见，都是一种特定的情况，如果你总是能估计到他要说什么，能回答他

的问题，处理他的反对意见，你就能把货物推销出去。""一个成功的推销员晚间一人独处时，也会制造这种情况。他会想象出客户对他最刁难的情况，然后想出相应的对策……"

"不管什么情况，你都可以预先有所准备，你想象自己和顾客面对面地站着，他提出反对意见，给你出各种难题，而你却能圆满地加以解决。"

训练指导

这种方法在心理学上就称为自我暗示。自我暗示是20世纪最重要的心理学发现之一。自我暗示是"我属于哪种人"的自我观念，是一个人对自身的认识和评价。自我暗示对一个人的成长、发展起着重要作用。心理学家马尔慈曾说过：人的潜意识就是一部"服务机制"——一个有目标的电脑系统。而人的自我暗示，就如电脑程序，直接影响这一机制的运作结果。

自我暗示有积极的自我暗示和消极的自我暗示。积极的自我暗示就如上面所提到的推销员，自我假想出对付顾客刁难的策略，圆满地解决顾客的种种问题。就是说，如果一个人在暗示自己"我是一个成功的人"，他就会不断地在内心的"荧光屏"上"看到"一个趾高气扬、不断进取、勇于经受挫折和承受巨大压力的自我，听到"你做得很好，而你以后还会做得更好"之类的正面信息；然后感受到喜悦、自尊、鼓舞与卓越，从而增强自信，增强进一步发展的动力，增强生活的勇气，使自己的潜能得到充分发挥。那么，他在现实生活中便"实现"了成功者的梦想。但是，如果一个人的自我暗示是"我是一个失败者"，他就会不断地在自己内心那"荧光屏"上"看到"一个垂头丧气、难成大事的自我，

"听到""你没有出息、没有长进"之类的负面信息；于是，他便会感受到沮丧、自卑、无奈和无能，从而对自己失去信心，失去生活的勇气，失去作为一个人本应有的主体性。那么他在现实生活中便"注定"会像他自我暗示的那样成为一个失败者。由此可以看到，自我暗示的确立是十分重要的，积极的自我暗示是一个人走向成功的方向盘、指南针。

积极的自我暗示能产生奇妙的力量。不管是什么工作，如果一开始就有完成它的暗示，工作就必能完成。自我暗示常使一个人做出旁人认为不可能的事。积极的自我暗示是迈向成功的动力。"加油，我们一定会成功!"不论是在球场还是在战场上，或是在商业竞争中，有人登高一呼，这种积极的喊声能唤起挑战心和振奋人心的力量，往往真的能扭转局面，获得成功。

可能你在岸边不小心落水，刹那间，你怕自己没有生还的机会了。但是接着你心里有个感觉：我会遇救或我能自救。结果，你真的得救了。这便是积极的自我暗示所产生的强大力量把你救了出来。

积极的心理暗示是消除消极心理暗示的最佳武器。下面的一些步骤可使你的心态由消极转变为积极，由谬误的模式转向正确的模式，产生新的思想。方法很简单，但你千万不要小看它们，只要认真去做，必有成效。

1. 每天故意用充满希望的语调谈每一件事，谈你的工作、你的健康、你的前途。存心对每件事采取乐观的看法。如果你是个悲观的人，千万要忍住悲观情绪。

2. 说完满怀希望的话后，继续一星期，然后"写实"一两天，即将乐观的情绪逐步用到每件事上，这时，你会发现"现实"

已经真的有所好转了，这是积极暗示的开始。

3. 要像喂养身体一样喂养心灵。希望心理健康就要给它营养，供给它健全的思绪，即将消极的念头改为积极的念头。写出一个有关信仰的"座右铭"，并将其作为理想目标，深深打进你的意识中，如"我敢说我一定能成功。"

4. 要把"座右铭"背下来，每天背一遍。以此为激励，用积极的心态，改掉消极的思维模式。

5. 列出你朋友的名字，看看他们谁的思想最积极，就和他们多亲近。但也别抛弃消极的朋友，只是暂时对观念积极的人多亲近一些，等你吸收了他们的精神，再回到消极的朋友中，把你学到的思维模式传给他们，但别接受他们的消极意念。

6. 避免吵架。当有人表现出消极态度时，请用积极和乐观的意见予以说明，或将此文拿给你的消极朋友看。

如何培养仁爱之心

美国的一对夫妻带着两个儿子来到埃及观光旅游。这是一个幸福的家庭，有着颇丰的经济收入，两个孩子又是那么的活泼可爱，大儿子今年12岁，小儿子8岁。埃及的首都开罗有一条街道被视为恐怖地带，政府警告游客不要接近该地带，以防被抢劫。他们在一次游览中，不知不觉地开车驶进了这条街道。刚驶进不久，就被一辆车跟踪了，不久后那辆车开始射击，丈夫加快速度开车逃离，但是后面的暴徒还在不停地开枪，玻璃已经被打碎了几块，妻子和孩子们都弯腰低头卧着，但是小儿子还是被射中了，他们来不及查看和包扎。等他们驶到安全地带时，才发现小儿子已昏迷不醒，送到医院时，已经死亡。丈夫和妻子失声痛哭，但是很快他们做出了一个伟大的决定：将孩子的器官捐献出来。小儿子的心脏给了一个自小就有先天性心脏病的孩子，角膜使两位患者重见光明。这对夫妻将小儿子永远留在了埃及，带着满腔的悲痛踏上了回国之途。

是什么使这对夫妻做出如此伟大的决定？他们将爱子的躯体捐给了将永远留有痛苦回忆的地方。这便是孔子所说的仁爱。

人非草木，孰能无情。人，作为有感情的社会动物，生活在同一块土地上，聚集在同一个天宇下，是需要相互理解、相互尊重、相互关心和相互帮助的，这便是仁爱。如果说，合群最初只是个人生存和发展的手段的话，那么，随着历史的发展，伴着人们对残酷的战争和疯狂的掠夺的反思，仁爱就越发显出它在社会生活中的价值。

"只要人人都付出一点爱，世界将变成美好的人间"便是对仁爱之心的深切呼唤，我们的世界也正因有了仁爱才更加和谐。大学生为救老农而牺牲虽引起了争议，但我们仍为这种仁爱精神而感动，作为自由的人，不能用文化水平和年龄性别而分成三六九等。从人情的角度来讲，仁爱是没有等级差别的。

但是当前，有些人认为在激烈的商品竞争中，仁爱已失去了它的价值，市场只是你死我活的战场，这是认识上的偏差，行动上也必然会表现出对现实的扭曲。

1997年11月，黄河古道边发生的惨状，应该使上述认识扭转了。几十名到这里游玩的中学生因船只失事而被急流冲走。岸上的同学奔走求救，甚至跪地磕头求水手相救，求岸上的旁观者相救，但是谁也没有表现出仁爱之心。面对恶浪中挣扎的亲爱的同学，岸上两名同学竟忘记了自己不会游泳而跃入水中，结果可想而知。

缺乏仁爱之心而表现出来的冷漠是一种个性缺陷，是一种不健康的人格。

仁爱，并不是生而有之，它需要慢慢地培养。青少年天真而单纯，但由于知识的局限，又缺少经验，所以辨别力差，极易受各种不良风气的影响。因而这时要掌握好人生航船的坐标："要自认为能配得上最高贵的东西"，向那些具有仁爱的人学习。

如何才能培养起仁爱之心呢？

1. 首先要理解人、尊重人。由于人们的主观条件和所处的具体环境不同，因而，认识不能完全一致，气质、性格、爱好、习性必然有差异，甚至在利益问题上也会有矛盾。这就需要相互理解和相互尊重。人的能力尽管有大小，贡献有不同，但是在人格上都是平等的，都应受到尊重。如果把他人理解和尊重自己作为条件，那么，理解不仅不能"万岁"，而且会成为不讲仁爱的借口与遁词。俗语说："你敬我一尺，我敬你一丈。"这在"量"的天平上，表现了"我"的宽宏与大度；但是在"质"的评判上，却可能产生歧义，即理解为以对方的敬我为我敬对方的前提。实际上，只有首先尊重对方的人格，理解对方的处境，才能有资格得到对方的理解与尊重，达到真正的仁爱。

2. 换位思考。即把自己放到对方的位置上加以综合性的分析，设身处地，以心比心。这样能够理解和相互尊重，从而达到仁爱。

3. 在实践中落实仁爱。即在现实的交往中给予对方以实际的关心和帮助，有时甚至要做出必要的牺牲。

4. 我们所说的竞争，是在公平原则上的竞争。竞争的目的是争上游，促进社会的繁荣昌盛。当然，讲仁爱，不等于取消积极的思想斗争。恰恰相反，坚持原则，过失相规，正是对对方的真正的爱护与帮助；善于纳言，闻过必改，也是对对方的理解与尊重。

5. 从生活中的点滴小事做起。在家中，尊敬孝顺父母，爱护兄弟姐妹；在学校，关心团结同学，尊敬师长，不跟同学为了一点点的小事而闹翻；在工作中，多替同事着想，不说三道四，不打击报复别人；对社会上的陌生人要勇敢地伸出援助之手，街头行乞的老人、孩子、残疾人都应是你援助的对象，即便你只能给一毛钱，也不要"以善小而不为"；对违法乱纪现象，要敢于揭露，面对歹徒，敢于挺身而出，同犯罪分子做斗争。

生活中，处处都给你提供了养成仁爱品格的机会和条件。仁爱令人敬重。

善用幽默

一位老绅士在一家餐厅听了一群旅游者讲起那些关于在鱼肚子里发现珍珠和其他宝物的故事后，对他们说："我年轻的时候，受雇于纽约一家大出口公司，像所有年轻人一样，我和一位漂亮的姑娘相爱了，很快就订婚了。就在要举行婚礼前的两个月，我突然被差到伯明翰经办一桩非常重要的生意，不得不离开我的心上人。由于出了些麻烦，我在伯明翰待的时间比预期的长了许多。当繁杂的工作终于了结的时候，我便迫不及待地准备回家。在启程之前，我买了一只昂贵的钻石戒指，作为给未婚妻的结婚赠品。轮船走得太慢了，我闲极无聊地浏览着驾驶员带上船来的报纸消磨时光，忽然我在一份报纸上看到我的未婚妻与另一个男人结婚的启事，可想而知当时我受到了怎样的打击，我愤怒地将我精心选购的钻石戒指向大海扔去。几天后我回到纽约，在一家旅馆里我闷闷地吃着晚饭。鱼端上来了，我心烦意乱地塞进嘴里，嚼了几下，忽然牙被一个东西硌了一下。先生们，你们可能猜出来了，我吃着了什么？"

"戒指！"周围的人一齐说。

"不！"老人凄凉地说："一块鱼骨头。"

周围的人都大笑，气氛活跃起来了。这便是幽默的妙用。

训练指导

幽默有时能化解干戈，有时能减轻悲痛，有时能调节气氛，更能获得他人的好感，赢得友谊。幽默不同于讽刺：讽刺伤害人，幽默治愈人；讽刺可以杀人，幽默帮助人活下去；讽刺意在控制，幽默则要解放；讽刺是冷漠无情，幽默是宽大为怀。讽刺使人屈辱；幽默则使人快活。同样的玩笑，一个人说的时候把自己排除在外，这就是讽刺；另一个人把自己包括在内，就可能是幽默。

幽默最普遍的形式是笑话。善于讲笑话的人往往是很受欢迎的。学会幽默将使你到处受欢迎，这里介绍几种方法，掌握好这几种方法，你离幽默就不远了。

1. 语言要素的变异技法。语言有声音和意义（词义、句意），有词汇和句子，有词型和句型，有造词法和造句法，还有文字与标点，它们平常以稳定而成规律的样态予以使用。你可以在语言的某个部位搞点小破坏，拿它开玩笑。

曲解别义：为了有趣味，可以自己出马当小丑。1954年的一天，郭沫若在重庆同画家廖冰兄同桌吃饭，当得知画家的妹妹名"冰"，画家因同妹妹相依为命而自名为"冰兄"时，他故作恍然大悟状，说："哦，这样我终于知道，郁达夫的妻子一定名达，邵力子的父亲一定名邵力。"郭沫若以这种明显的歪推"错误"方式赢得了满座的笑语。适当地做傻瓜，让别人去优越优越，满足满足，别人高兴，你也快乐。装傻式的曲解不必一定是名人伟人，凡欲以自身做笑料者都不妨一试。

巧妙嵌入：一新郎介绍恋爱经历——本郎姓张，新娘姓顾。我俩尚未认识时，我东张西望，她顾影自怜。后来我张口结舌去找她，她左顾右盼地等我。认识久一点后，我便明目张胆，她也无所顾忌。于是我便请示她择日开张，她也就欣然惠顾。巧嵌法即是一种幽默的方法。

2．美辞格的妙用技法。追求表达的奇特与语词的巧妙上。如绕弯法：一人请客无肴，一举箸就完矣。客云："有灯借一盏来。"主人曰："要灯何用？"客曰："桌上的东西都看不见了。"再比如：新病人将要走出诊室时，回头向医生怀疑地看了看："有问题吗？"医生问。"我有点儿不明白，"她说，"我比约定时间早来5分钟，你马上给我看病，看的时间又那么长。你的吩咐我每句话都听得懂。我连你写的药方每个字都认得出。你究竟是不是真的医生？"

3．交际规律的顺遂技法。如"贼被偷法"，基本精神就是挖了陷阱想玩人，结果自己掉了进去。借用对方的（贼的）语句格式和语调，尽可能多地利用对方语句中的词语，略加变化，填入新的内容，使语意指向发生变化。安徒生戴着一顶破帽子上街，一个想挖苦他的人说："喂，你脑袋上那个玩意儿是什么？能算帽子吗？"安徒生答道："喂，你帽子下那个玩意儿是什么？能算脑袋吗？"这种方法很划得来，既锻炼了你的应变能力也显示了你的大度，不需动干戈，即可收到很强的效果。

4．逻辑法则的真假技法。如先依对方的错路走下去，推出一

个连对方也不能接受的荒谬结论，对方的谬论就不攻自破了。如：一对夫妇同去迈阿密海滩附近开会。当他们来到电话预订了房间的旅馆时，发现旅店客满。丈夫盛怒。服务员微笑说："别着急，保证给你们一个蜜月套间。""荒唐！"丈夫说，"我们15年前就结了婚。"服务员还是微笑着："这我完全相信。要是将你们安排在舞厅里，你们就非跳不可吗？"这是一个深沉的玩笑，保证使你脱俗。

幽默的方法很多，但在幽默的时候，要注意对象，不能不分亲疏、男女、老幼皆乱开玩笑；还应注意不能太过火，过火了就非幽默了。

要确立明确的目标

生活中我们经常可以看到一些无所事事的人，漫无目的，碌碌无为，虚度一生。原因就在于其个性中缺乏目的性，不会确立自己的人生目标，只能做一天和尚撞一天钟。但是，如果你有了自己所确定的明确目标，那么事情将会是另一番样子。

有位父亲想让他烦躁不安的孩子安静下来，就随手找到一张旧杂志，翻到一张色彩鲜艳的巨幅图画，这是一张世界地图。他把地图扯成碎片，扔到地板上，对孩子说："你把它拼起来，我给你5块钱。"他心想孩子会忙上半天的，我可以安心工作了。谁知，不到10分钟，那急于拿到钱的孩子已经将图拼好了。父亲惊讶万分，问道："你怎么这么快就拼好了？"孩子回答说："噢，很简单呀！这张地图背面有一张人像。我先把一张纸放在下面，把人像放在上面拼起来，再放一张纸在拼好的人像上面，然后翻过来就好了。我想假如人像拼得对，地图也应该拼得对才是。"

这便是目标明确的精义所在。假使你有明确的目标，你四周再复杂的问题都会迎刃而解。因为明确的目标会带给你意想不到的好处：

1. 你的潜意识会依据动机去主动工作。由于认清了目标，潜意识便会受到这种自我暗示的影响，它就会帮助你去完成此目标。

2. 因为已经知道自己要什么，你就会设法走上正确的轨道，朝着正确的方向迈进。

3. 当那些可以帮助你达到目标的机会出现在四周时，你会特别地机警。由于知道自己要什么，因此容易发现并把握机会。

目标会使你胸怀远大的抱负；目标在你失败时会赋予你再去尝试的勇气；目标会使你不断向前奋进；目标会给你前途；目标会使你避免倒退，不再为过去担忧；目标会使理想中的"我"与现实的"我"统一。当别人问你"你是谁"时，你可以回答："我是能完成自己目标的人。"

缺乏明确的目标，会使人精神空虚。而我们大多数人都是在没有明确目标或明确计划的情况下，受完了教育，找一个工作，或开始从事某一行业。现代科学已能够提供相当正确的方法来分析人们的个性，决定个人适当的事业，但许多人依然如无头苍蝇到处乱撞，找不到合适的工作。因为他们从一开始就没有确立明确的目标，所以到了"而立"之年、"不惑"之年，还为找不到合适的工作而苦恼，人生始终处于失败状态。

即使你有一颗善良的心、一副健壮的身体，或者具备丰富的

学识、非凡的才干，你也不能保证自己会取得成功。具备这些条件的何止千万？但他们照样遭到失败。何故？因为他们缺乏开创事业所必备的条件，即生活的目标，缺乏目标的人生是毫无意义可言的，他们浑浑噩噩，庸庸碌碌，只看见眼前的阴影，而看不见明天的曙光，人生的天空阴晦失色，因而产生一系列不良的情绪，如悲观、失望、消极、厌世等。

青少年正是人生的关键时期，是为一生打基础的时期，因而必须先对自己的生活有一个明确的目标。这正如建筑任何一栋楼房，事先都要有一个明确的蓝图，假如没有蓝图，想怎么盖就怎么盖，那结局将是一片混乱，人们会彼此互相牵制，互相妨碍，什么房子也盖不成。

人生同样不能胡乱涂画，那么如何才能使自己有一个明确的目标呢？

1. 你要确定自己想干什么，然后才能达到自己确定的目标；同样，你要明确自己想成为怎样的人，然后才能把自己造就成那样的有用之才。

如果你目前的理想和愿望还不够明确，不足以成为一个目标，那你就这样试一试：想象5年后的你。请你自问："我想受多高程度的教育？我想干怎样的工作？我期望怎样的家庭生活？我喜欢住怎样的房子？我想赚多少钱？我想结交怎样的朋友？"

你要记住，重要的不是你"现在"怎样，也不是你"曾经"怎样，而是你5年后"将"会怎样，5年后你"将"会在何方。这样你便确立了你的目标。

2. 你的目标必须是具体可行的。如果你的目标是想获得一个更好的工作，那你就必须把这一工作具体描述出来，并自我限定

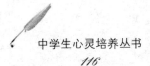

哪一天得到这一工作。你绝不能对自己说："我希望有一个更好的工作——也许是房地产经纪人吧。"你必须用肯定的口气，你应该说："我希望有一个更好的工作，不错，我要做房地产经纪人。我要做房地产生意，我马上就去向某某行家请教，他在此领域被视为成功者。然后我向几家房地产公司写求职信，并请求一次面谈。"这便是具体可行的。

如果你的目标是使家庭幸福，那么你就必须确切地描述一下如何使你的婚姻状况得到改善。你必须把你所希望出现的那种美满婚姻描述出来——希望与你妻子或丈夫进行某种推心置腹的谈话；你为了改变生活而准备采取的某种行动；你们夫妻俩都准备参加的某种活动；还必须明确什么时候谈心，采取什么方式。

3. 避免鼠目寸光的短视目标。倘若你没有长远的目标，你可能会被短暂的种种挫折所击倒，过分夸大成功道路上的艰难险阻，以所谓的目标只是遥远的"乌托邦"为借口而放弃了目标。也可能满足于触手可及的小目标的达到而沾沾自喜，过高估计了自己的能力，放松了素质锻炼和能力的培养，失去了继续前进的营养基础。有长远目标的人，既不会受困于眼前的挫折也不会受阻于小目标的实现，他们会一个一个、脚踏实地地处理前进道路上的任何障碍，朝着长远的目标迈进，最终实现它。

学会忍让与宽容

小燕一直是一个快快乐乐的人，她的朋友很多，学习时成绩好，工作成果突出，人际关系也融洽，这怎么能不快乐呢？小燕是个相貌普通、身材一般的女孩儿，经济条件中下水平，但她仍很快乐。是宽容使她如此的。因为宽容，她不去计较生活中的小事。被人误解了，她一笑了之，她说："事情终会弄明白的，弄不明白也没关系。历史上有那么多的冤假错案，我这什么也不算。再说即使误会我的人不明白，一定会有其他人明白。"因而她仍然热情地帮助误会她的人。工作上，她不在乎干多干少，别人做事少了，她不抱怨，也不挑剔，而是尽可能地自己多做点。同事说她巴结上司，爱表现，她也一笑了之，说："别人不帮大概是有原因的，要么累了，要么有别的事要做，我多做点也只不过是为了把事情做好。我的本质如何，他们终会了解的。"果然，时间一长，同事都了解她了，她不是巴结上司，而是一视同仁，又总是热心地帮助大家，同事都愿意和她共事，她都不好意思偷懒了。在她成为领导之后，同事也并没因她年纪轻而轻视她。在对待自己上她也是宽容的，相貌普通就普通吧，毕竟漂亮只是少数。但她的宽容并不是无原则的，对待自己的学习、工作她又是严厉的，如果学习不好，就愧对了父母的期望，工作不出力就创造不出价值，因而她学习时成绩优异，工作中脱颖而出。

训 练 指 导

宽容是一种良好的个性品质，它体现在生活的方方面面。

对待他人宽容意味着克制和忍让。生活中常常有这种情况：你认为不顺心的事，别人有时却感到很合适；你认为事情这样办可能会更好些，别人却认为那样做好。因而在不涉及原则的情况下，就需要克制和忍让，放弃一些主权，这本身就是一种宽容。

宽容还意味着平静地接受一切苦难和挫折，不加抱怨地面对一切，用真诚的友情化解敌意，用不屈的意志克服困难，用坚强的毅力忍受痛苦，用微笑去迎接生活。

宽容还意味着不苛责一切。宽容者能意识到"人无百日好，花无百日红"，因而能够不大悲亦不大喜。

宽容在中老年人身上比较常见，他们经历了风风雨雨的人生，对一切都看得淡了，无心去争去抢了，因而很自然地达到了宽容。但是青少年由于血气方刚，正值豆蔻年华，十分关注自己的形象，自我意识也不断增强，因而常常争强斗狠，为了一句话、一个眼色、一个舞伴，甚至你碰了我一下，我踩了你一脚都可能打得鼻青脸肿。因而宽容需要从现在培养，不能等到其自然形成。

1. 以仁爱之心对待他人。生活中充满了矛盾，同学之间难免有被人误解、嫉妒和背后被人议论等事情发生。如果别人惹着你一点，你就耿耿于怀，睚眦必报，结果引来的多是"以牙还牙"式的恶性循环。反之，如果你相信人的感情是可以诱导的，绝大多数人都是识好歹的，因而能原谅别人，礼让别人，"投之以桃"的话，则别人迟早会"礼尚往来""报之以李"的。有人认为宽容是一种软弱无能的表现，这是一种片面的认识，如果一味地报复，则不仅不会使伤痕消失，只会使双方的矛盾加深。宽容绝不意味着无能和软弱，恰恰相反，它需要极大的力量和勇气才能做到，在宽容的背后是一颗仁爱之心。

2. 尊重别人。人与人之间应是互相平等、互相尊重的。然而，由于人事实上对他人常常怀有某种偏见，对己和对人的态度常不统一。这主要是因为多数人都有为自己的行为、感情、信念等辩解的动机，因此不知不觉地就把别人和自己分别对待了：这一方面表现为强求别人适应自己，另一方面表现为常把自己的意志强加于别人。这种"待人严"的态度，其结果必然是苛责别人，又何能"宽容"呢？因而改变这种不正确的心理就要承认"金无足赤，人无完人"，在生活中，在与人交往中，切不可因为别人有某种缺点就横加挑剔、指责。苛求别人，到头来会发现自己成了孤家寡人。要承认每个人都有其独立的人格，都有着不受他人干预的生活方式，都有值得自己尊敬之处。在具体方法上要做到：不随便议论别人，待人讲礼貌，不勉强别人按照自己的意志去行事，有时不妨配合他人的行为。形成尊重人的习惯和态度的时候，就能自觉地待人以宽了。

3. 克制忍让。明代学者朱衮在《观微子》中说："君子忍人

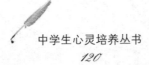

所不能忍，容人所不能容，处人所不能处。"当然对于原则问题，我们不能一味忍让，委曲求全。但对一些非原则的芝麻绿豆大的小事各不相让，争得面红耳赤，就无多大意义了，惹得自己和对方都不愉快，影响学习和工作。在非原则问题上退让一步，不是无能和怯懦而是风格高尚。"得理也要让三分"，体现出你的友爱、宽容，自会赢得他人的尊重，获得友谊。如果得理不饶人，则会使人觉得你刻薄，没有涵养。在十分气人的事情面前能克制自己，才称得上真正的勇敢。

4. 不怕吃亏。人生常有不如意事，诸如在公共汽车上被人踩了一脚，在马路上被自行车撞了一下，只要对方不是故意寻衅，存心加害，能放手时则放手，得饶人处且饶人，不必表现出无教养的抓住不放。即便是别人侵犯了你的利益，也不要斤斤计较地抓住不放。有时，你自己也会无意中侵犯了别人，当别人逼迫你不放时，你又如何想呢？

记住法国大作家雨果的话吧：比陆地广阔的是海洋，比海洋广阔的是天空，比天空还广阔的是人的胸怀！

积极心态是成功的关键

　　名闻全美的出版家爱德华·柏克在年轻的时候一直有一个理想，希望将来主办一份杂志。由于动机明确，因此他抓住了非常微小的机会。有一天，柏克看到一个人打开一包香烟，从里头抽出一张狭长的纸片，然后丢在地上。他把那张纸片捡起来，看到上面是个著名影星的照片，照片下面有句话，说这是一系列中的一张，并劝买烟的人搜集一整套照片。

　　柏克把纸片翻过来，发现反面是空白的。于是他发现了"大好机会"，他想，假如图片反面用来介绍人物本身，它的价值就会大为提高。他立刻去找承印图片的公司，把自己的想法向经理说明。经理当即回答他说："如果你帮我替100个美国名人各写一篇100字的小传，我每一篇给你10美元。你先开一个名单给我，并且把他们分类，比方总统、功名显赫的军人、演员、作家等。"就这样，柏克得到了他第一个文学方面的差使。但小传的工作太重，不得不找人帮忙，因此他出价5美元，请自己兄弟代劳。不久，又请了5个撰稿人员忙碌地为印刷公司写传记，至于他自己，则当起总编辑了。又经过若干年的奋斗，成了卓有成绩的出版家。正因为柏克具有积极的心态，才使得他把握住了机会。有了积极的心态，工作会变成乐趣，你会愿意付出任何代价，你会控制自己的时间，你会去研究、思考、计划。你越关心自己的目标，就会越热衷。一旦有了这种热衷，你的理想就会变成强烈的欲望。

训练指导

当你将积极的心态运用到自己的事业、学业或解决个人问题时，你就已经踏上了成功之路。积极的心态可以说是一种催化剂，使各种因素共同发生作用来实现高尚的目标。

有人曾对大学生做过一项研究，结果是：那些认为自己学不好的学生的确学不好，而那些认为自己能学好的学生确实学得好。这便是消极心态与积极心态所造成的差别。消极心态和积极心态带给你完全不同的情绪。

消极心态带给你的情绪有：

担忧　　紧张　　失望　　内疚　　愤怒　　嫉妒　　焦虑
懊悔　　怀疑　　悲观

积极心态带给你的情绪有：

希望　　决心　　愉快　　信任　　自尊　　乐观　　自信
胆量　　抱负　　自由

消极心态所带给你的情绪是有害的，是你应该加以摆脱的；而积极心态所带给你的情绪则是良好的，是你走向成功不可缺少

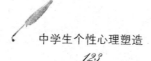

中学生个性心理塑造

的。

也许你又叹息了，我的情绪怎么跟消极心态的种种类似呢？不必焦虑，按照下列的方法做，你就会变消极的心态为积极的心态。

1. 大声说话，昂首走路。这样能掩盖一个人的怯懦，而表现坚强、自信和勇气。自己还能产生一种健康向上的感觉。

2. 尽可能地引人注目。消极的人、怕事的人、必将一事无成。遇事敢作敢为、光明正大，将自己置于众人的直视之下，在公众中树立自己的形象，并堵住遇到困难的退路，逼自己勇往直前。

3. 热爱生活，相信自己。只有热爱生活的人才有兴趣去创造生活，只有相信自己的人才能有效地为自己的目标采取行动。一个对生活感到厌烦、对自己失去信心的人与成功是沾不上边的。

4. 广交朋友，乐于助人。有道是多个朋友多条路，这对追求成功的益处是明显的。乐于助人的结果是自己有事众人帮。广交朋友，乐于助人还可使人的性格变得开朗、活泼，获得更多的成功机遇。

5. 兴趣浓厚，精力充沛。兴趣是最好的老师，只要有兴趣，不会的事能会，会的事能精，再加上充沛的精力，可谓是无往而不胜。

6. 遇事顽强乐观。世事很难一帆风顺，遇到困难浅尝辄止，甚至悲观失望，自然与成功无缘，成功只属于顽强乐观、不达目的誓不罢休的人。

7. 培养一个值得骄傲的特长。这既能永远证明自己的优势，又能在别人面前保持自尊，终身受益。

8. 把自己视为成功者。以成功者的姿态对待工作和生活，一步一步获得成功，最后得到成就反馈。思想有其巨大的力量，你可以利用这种力量增强你的成功潜力，办法是每天花少量时间设想自己是个成功者。这是"煞有介事"方法的一种变化形式。其实践的时间越长，效果越明显。

学会和过去说再见

　　小卡有个不幸的童年。她从记事起，就感受到父亲的专制粗暴和母亲的忍辱负重。她是5个孩子中唯一的女孩，总觉得哥哥弟弟们能受父母宠爱，而自己则无人关心，兄弟们对她也不好。8岁时她离开父母与爷爷奶奶住在一起，两位老人非常疼爱她，她心中感到很温暖。可是就在她9岁时，奶奶因车祸而成了终身残疾，不久，爷爷也去世了。从此，小卡再没有很开心的时候了。现在16岁的她已离家住校上中专了，可是仍然愁眉常锁，忧虑常驻，总忘不掉过去，一度失眠，摆脱不掉那种来自童年的失落感和不安，情绪起伏很大，每天都在浓浓淡淡的苦恼中度过，是全校出了名的忧愁人。老师和同学开导她，她总是无助又无奈地摇头："我可能一辈子都无法从过去受过的伤害中解脱出来了。我怎么能心情好呢，我有那样的父母，慈祥的爷爷奶奶又遭遇那样的不幸……"

她的话似乎很有道理，心理学家弗洛伊德也认为人的早年挫折、不幸会影响其后的一生。其实呢，这是断章取义。很重视早年经验的弗洛伊德在承认过去的挫折、不幸会有重大影响的同时，也指出了解脱的必要与可能，并经他自己的临床治疗提出过不少具体方法。毕竟，会有影响不等于一定影响、必须影响。

人的性格是由他的生活经历和遗传基因决定的。过去的经历会给你留下深刻印象，甚至伴随你到成年，你会在行为和思想中不由自主地受到影响，但这些影响并不至于使你永远生活在过去的阴影里，除非你自己愿意。小卡就是这样听任过去的一切左右她的感情的一个人。其实过去的事已经过去了，不会再控制她的现在或未来。她现在已离开父母兄弟，爷爷奶奶的不幸也过去好几年了，进入中专是个美好生活的希望的开始，她不去好好把握却还苦闷无助地生活在过去的阴影之中，把自己封闭在过去的不幸中，不愿意主动克服消极影响。

在生活中我们也可以发现小卡这样的人。有的甚至只是一两次失败和挫折，就因为在乎过去的成败而进行心理夸张，号称"永生难忘那一次"并沉溺进去了。另外也有这样的人，他们遇败不惊，遭挫不折，吸取教训或是干脆忘掉，不会让过去影响一生的心情，约束一生的发展。两类人的差别主要是内在的原因，外在的原因只是经历的挫折、不幸的类型和次数，而内在的原因有气质和个性品质两点。

他们在气质类型上多属抑郁质，柔弱而敏感，多愁而善感，

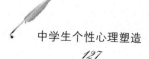

易在挫折后长时间地苦闷无助。他们在性格上，可能有自卑、不宽容、钻牛角尖、孤僻等易导致思想封闭的品质特点。

人应该能够克服过去造成的不良影响。即使有过不幸的遭遇；也不必终生成为受害者。有些不良影响可能很难消除，但并不等于不可以消除，希望总是有的。

1. 建立良性认知，重新进行自我认识。可以理解，你的大脑会储存过去经历过的羞愧，并不断提醒你它们的存在。这会促使你形成消极的自我认识，并会最终造成消极的生活态度，认命似的一直忧伤下去。改变自我认识是一种有效的认知疗法。如果你总对自己说"我是注定要失败的"，你很可能就会失败，至少也会在行动过程中丧失信心；但如果你鼓励自己"我是会成功的"，就一定会提高成功的概率。事情当然不止这么简单，但乐观的言语确实会有效地创造积极向上的态度，特别是配合上述为达到目标所做的努力。别为过去的失败而吓得裹足不前，"我以前失败过，那是小试一把，是经验！"

有一种改变自我认识的"分析法"。首先，列出别人贬低你的话。其次，逐一进行分析，看它们是否有充足证据。这需要时间和精力去反复地分析、否定，促进认识转变。即使做过愚蠢的事，也不能证明你就是愚蠢的人。忘记那些自暴自弃的话，代之以肯定鼓励的话，当然不能不切实际地肯定自己，谎话对你毫无益处，但要避免自我贬低，尽量看积极的一面。

2. 不要相信你会永远生活在过去的阴影里。完全放松，回忆一下过去的不幸和失败，并不断提醒自己："这些都是历史，早都过去了，我现在已想通了。"你还可以通过想象，进行空椅角色扮演法。把伤害你的人当作空椅，来回扮演你和他（们）的角色，说出自己不满的话，说出他（们）可能的想法，这样可以起到纾解心结的作用。

3. 不要压抑自己的悲伤。遇到挫折和不幸，当时和其后一段时间可以及时发泄。过分压制自己的情绪会产生不良后果，在遭遇挫折、不幸之后的情绪波动是正常的，不是脆弱或幼稚。

4. 勇敢地直面现实。事已至此，既然已发生，以积极态度去处理。把战胜这次不幸作为考验，作为转折，为你提供战胜其他困难的信心，当再遇失意、不幸时，你会就想道："那么大的不幸我都挺过来了，这算什么？"

忘记过去的失败和不幸，为现在和将来的成功而奋斗，记住卓别林的一句话：相信自己，这才是诀窍。

自信的力量

　　美国当代最伟大的推销员本来是一家报社的职员，他原来是个胆小的年轻人，个性有点儿内向。在一些公开场合，他总是偷偷从后门溜进去，坐在最后一排。有一天晚上，他听了一场有关"自信心"的演讲，对他触动很大，自此，他决心脱离眼前的困境。他找到报纸的业务经理，要求做广告业务员，按广告费抽取佣金。每个人都认为他一定不会胜任此项工作。他回到自己的办公室，拟出一份名单，名单上的这些客户都是别的业务员曾去招揽而未成功的，共12位。他对自己说道："本月底之前，他们将向我购买广告版面。"然后，他开始去拜访这些客户。在第一天中，他和这12位"不可能"的客户中的3个人达成了交易。在第一个礼拜剩下的几天中，他又做成了两笔交易。到了月底，他和名单上的11位客户达成了交易，只剩1位还不买他的广告。在第二个月里，他只去拜访这位坚持不登广告的客户，因而未卖出任何广告。每天早晨，这家商店一开门，他就进去请这位商人登广告，但这位商人每天早晨都说不。他坚持不懈地去拜访，经过一个月的工作，这位商人终于被感动而买了广告。锲而不舍的意志和坚定不移的信心使他在陌生的领域中独占鳌头。

训 练 指 导

自信能使你朝着目标加速前进。当信心与思想混合在一起时，人们的潜意识立即接受这种波动，把它变成相同的精神波，从而产生无穷的力量，在强有力的自信心的驱使下，你可以把自己提升到无限的高峰。

但是，并不是任何人都会充满自信，有时我们会产生自卑心理。因为在这个世界上，每个人都可能在某些方面比别人差一点。你打篮球，打得不如乔丹好；你跳舞，跳得不如舞王那样精彩；你喜欢唱歌，可你不如歌星唱得好。不光如此，你每天都会遇到某一方面比你优秀的人：同班同学、公司同事、厨师、经理，甚至是一些大腕、明星。当他们侃侃而谈或熟练地工作时，你不免有时会自惭形秽，这时你就产生了自卑心理。因为你拿自己和他们做比较并且认为你某方面应该像他们。你就这样制造着对自己不利的证据，对自己表现出某种程度上的苛刻，由于你老是拿别人的强项与自己比，你就越来越无法容忍自己。于是你就只好受困于悲惨的境界中，不断地责备自己，自怨自艾，形成一种自轻自贱的自卑感。

然而你为什么不想一想自己也有强项呢？这些人在某些事上确实比你做得好，表现得比你优秀，但在其他方面，你是否也有比他们优秀之处呢？多半你也有比他们做得好的事情，别人或许也在羡慕、钦佩你呢！

"你"就是"你"，你是独一无二的！这就是整个事实。你将永远不可能和另一个人完全相同，你将永远是与众不同的独特个体。请记住这个浅显的真理，它将激发起你积极的生命力，使你能够经常从崭新的角度来看待自己。

美国的一位心理学家提出了建立自信心的一些入门方法，很有效，不妨你也来试一试1

1. 分析自卑。了解你的恐惧不安、自认不行到底是怎样引起的，明了原因，就是克服自卑的第一步。

2. 正确评价自己的才能。把自己的价值用书面语言表示出来，以便客观地掌握自己的能力。不妨把自己的专长列在表上，在和同龄者比较后，对于自己的优点就可以一目了然。

3. 要面对自己的恐惧。不可娇宠自己，必须正确地解决自己的问题。假如害怕在众人面前讲话，就要强迫自己在别人面前讲话。若需要讲话时，绝不可因不敢开口而闷闷不乐，应该鼓起勇气，直截了当地提出问题和要求。

4. 在学习、工作上努力迈进。与其徒自烦忧，不如付诸行动。工作若做得好，也可影响你一步步建立信心。有了信心，就可产生连锁反应。自信能促成做好工作，做好工作也可促进自信心。

5. 挑前面的位子坐。你是否注意到，在各种讲座、培训班、聚会中，后面的座位是怎么先被坐满的吗？大部分占据后排座位的都希望自己不要"太醒目"。而他们怕受人注目的原因就是缺乏自信心。坐在前座能建立自信心。把它当成一个规则试试看，从现在开始就尽量往前坐。当然坐在前面会比较显眼，但要记住，有关成功的一切都是显眼的。

6. 练习正视别人。一个人的眼神可以透露出许多有关他的讯息。不正视别人通常意味着："在你旁边我感到很自卑，我感到不如你，我怕你。"正视别人等于告诉他："我很诚实，而且光明正大。我相信告诉你的话是真的，毫不心虚。"

7. 把你走路的速度加快25%。许多心理学家将懒散的姿势与缓慢的步伐跟对自己、对工作以及对别人的不愉快的感受连在一起，心理学家告诉我们，借着改变姿势与速度，可以改变心态。你若仔细观察就会发现，身体的动作是心灵活动的结果。那些遭受打击、被排斥的人，走路都拖拖拉拉很散漫，完全没有自信。另一种人则表现出超凡的信心，走起路来比一般人快，像是短跑。他们的步伐告诉世界：我要去一个重要的地方，去做很重要的事情。

8. 练习当众发言。有很多思路敏捷的人，无法发挥他们的长处，因为他们缺乏信心。如果尽量发言，就会增强信心，下次也更容易发言。要多发言，这是信心的"维他命"。不论参加什么性质的会议，上什么样的课，每次都要主动发言，无论是讨论、评议、建议或提问题，都不要例外。而且，要做破冰船，第一个打破沉默。也不要担心你会显得愚蠢，不会的，因为总会有人同意你的见解。

9. 要善于笑。大部分人都知道笑能给人带来实际的推动力，它是治疗信心不足的良药。真正的笑不但能治疗自己的不良情绪，还能马上化解别人的敌意。如果你真诚地向一个人展颜而笑，他实在无法再对你生气。

10. 定期提醒自己：你比想象的还要好。成功的人并不是靠运气，也没有什么神秘之处。成功只是相信自己，肯定自己的所作所为。

做个有自制力的人

　　她终于考上了大学，这对她来讲可真是不容易。因为她很少能一个人坐下来专心地学习，多亏了老师、家长的督促，加上学校严格的学习时间表，这使她不得不学习。上大学之后，可没有人管得那么严了，于是她旷课的次数多了，逛街、躺在床上看小说、跟朋友出去玩，都可以使她不去上课。有时她也想好好学习，也担心考试过不去，但一有其他的事情，她就管不住自己了，结果第一学期就有两门课程不及格。上了大学，她就希望能多结交一些朋友，但是，她说话总是直来直去，丝毫不顾及别人的感受，常常不能控制自己的脾气而得罪了不少人，周围的同学只好敬而远之，并送给她"母老虎"的绰号。在同学中交朋友失败，她又转向舞厅，周周去跳舞，后来认识了一个有妇之夫，那人对她表示了深深的同情，带她出去玩，她感到被人呵护的快乐，慢慢地她竟爱上了这个情场骗子。在此人的引诱下，她明知不对，但又摆脱不了诱惑，竟与其发生了不该发生的事情而又不能自拔。她也知道这样下去不会有什么结果，多次下决心离开那人，但她又经受不住情欲的诱惑和感情空虚的折磨，那人只要一来找她，她就跟他出去，本想对其说别再来找她，但只要玩得高兴，就什么也不顾了。后来终因学习太差以及交友问题被开除了。

训 练 指 导

这位女同学所犯错误的根本原因在于其缺乏自制力。自制力是人的一种意志品质，它是指善于克制自己的情绪并能有效地调节和支配自己的思想和行为的能力。自制力主要表现为两方面：一是善于迫使自己执行采取的决定；二是善于抑制与自己的动机和意愿相违背的行为。自制力有强有弱，但是自制力过弱就成为一个人的性格缺陷。由于缺乏自制力，我们可能因害怕困难而放弃本来计划好的事情；可能因一些烦人的小事缠身而不能自拔；可能因控制不住脾气的爆发而跟别人闹翻……这些都是由于丧失自制力而造成的。

自制力的强弱主要在于后天的培养。溺爱、娇宠的家庭教育是造成一个人自制力弱的常见原因。如今的青少年在家中是最受宠的，因为只有一个孩子，所以家长宠着惯着，完全顺着他们，他们要做什么就做什么，不要做什么就不做，从来没有控制过自己，也没有得到他人的限制。久之就养成了任性、专横的性格，缺乏较强的自制力。

自制力弱的另一个原因是自小就没有遇到什么困难，事事顺心，没有长时期集中精力克服一个困难的经验。题做不出来了，立即问家长、老师和同学。什么事情都由别人帮助完成，一切目标都由他人定下来，由人摆布，因而形成头脑简单的惰性特征。即便有时他想约束一下自己，也不知如何做了，只好随环境、他人的变化而变化。这种人的自制力显然相当缺乏。

青少年正处于自制力逐渐形成和不断巩固的阶段，加上他们兴趣容易转移、贪玩等特点，自制力相对于中老年人而言是相当差的。

自制力差有时会造成不良后果。如有时会使人一怒之下做出伤害他人的行为，有时会使你做事情半途而废，有时会使你抵制不住诱惑而犯罪……

因而许多青年朋友发现自己自制力差的时候，往往很着急，希望能马上有一个很强的自制力。但是自制力不是能够说强就强的，它需要慢慢培养，培养方法主要有以下几种：

1．增加自我压力。真正认识到自制力差给你造成的危害，从而下决心来培养自制力，这样自制力才会成为你个性特征中的健康因素。增加自我压力还可以多给自己定下几个较重的任务，在一定的时间内完成。任务最好是向老师或上级请求下来的，这样会使你有一种必须完成的压力。

2．增加环境压力。许多自制力缺乏的人跟环境压力过小有关。比如，前面所说的被父母娇生惯养的孩子，其自制力往往较差，原因就在于环境压力小，父母没有督促。人的行为在青少年时期多半是由外界环境决定的，在一个比较宽松的环境里，由于外界压力小，自由度大，锻炼的机会少，自制力也很难培养起来；相反，如果增加环境压力，不仅可以激发个体的内在积极性和主动性，而且增加了锻炼的机会，在潜移默化中，自制力就培养起来了。因此当你意识到自己缺乏自制力时，你就要有意识地离开轻松的环境，到一个压力比较大的环境。例如如果你目前的学校管得不是那么紧，同学们的竞争也不是那么激烈，你就可以在有条件的情况下转到一个纪律、竞争都较强的学校；如果你的工作比较轻松自在，你可以申请到一个任务较重、需要很强责任心的岗位。

3．主动承担领导角色。每个角色都有其特定的角色文化，承担起自己的角色也是培养自制力的有效途径。许多人缺乏自制力跟他们不能承担角色有关，他们虽然是成人了，却总把自己当小孩看。实际上，如果一个人勇于去承担角色，相应的自制力很快就能培养起来。比如，一个爱捣蛋的工人，如果担当重任，他会马上变得规规矩矩；一个调皮的学生，一旦当上班长或其他干部，他会很快改掉自己的毛病。所以，你要勇于要求承担重要的角色。

4．自制的7个C。这是国外心理学家在有关"培养自制力"问题上，专门命名的"自制的7个C"。

控制自己的时间（clock）。虽然时间在一直不停地前进，但我们仍然可以控制自己的时间。我们能够确定工作多久、娱乐多久、休息多久、担忧多久以及拖延多久。我们可以改变时间表，可以提早半小时起床，决定如何利用这一天。

控制思想（concepts）。我们可以控制自己的思想，也可以进行创造性的联想。

控制接触的对象（contacts）。我们无法选择共同生活或一起相处的全部对象，但是我们可以选择共度最多时间的同伴，也可以认识新朋友，还可以改变环境，找出成功的楷模，向他们学习。

控制沟通的方式（communication）。我们可以控制说话的内容和方式。沟通方式最重要的是聆听和观察，当我们沟通时，如果想要发表某个讯息，那么这个讯息要使聆听者从中获得一些价值并彼此了解。

控制承诺（commitments）。我们既然做了承诺，就有责任使它成为一项契约，并一定要实现自己的承诺。

控制目标（cause）。有了自己的思想、交往对象以及承诺之后，就可以定下生活中的长期目标，而这个目标也就成为我们的理想，并且是我们与其他人最认同的事物。

控制忧虑（concern）。不论四周发生什么事情，都要保持乐观主义的精神。

有效地培养"自制的7个C"，你就会变得心理安定，心理平衡，能够克服困难，获得成功。

超越挫折

　　有一位名叫葛雷哥利的股票经纪人曾经面临穷途末路的危险
——由于美国经济的大恐慌，他在一夜之间变成了赤贫。当时，
像他这种情况的人比比皆是，其中自杀者也随处可闻。那天，他
在极度懊丧中深夜归家，一回到家就立刻倒在床上。他的太太提
心吊胆地问："情况怎样了？"他想了想，回答道："唔，还好。"

　　然后又以冷静的语气补充道："但我们的财产已经完全没有
了，包括这幢房子。"他的太太闻言惊坐起来，扭亮了灯。虽然她
对丈夫那种平静的态度感到怀疑，却仍然忍不住哭了起来。"不准
哭！"葛雷哥利抱着妻子说道："我这个人丝毫没有变，其他重要
的事也一如往常。我有你，你有我，这是最重要的，不是吗？我
们失去的只不过是金钱，以及用钱可以买到的东西。这个世界上
的金银财宝是无穷无尽的，总有一天它们会再回到我们手上的。

不要再哭了，好吗?"他如此安慰妻子道。

从此以后，他心中只有一件事，那便是数年以后，重新取回他的那些财产。最终，他的愿望变成了现实，甚至他得到了超出他所失去的多得多的财产。

训 练 指 导

当葛雷哥利遭遇挫折时，他首先不是自我埋怨、自暴自弃，而是适当地控制自己的情绪，冷静观察事态的演变，并以积极乐观的态度面对困难。这样做的结果是，首先避免了境况的进一步恶化，然后又步入了新的人生转折点。

挫折归根结底是一种内心的感觉。一个凡事得过且过、无可无不可的人，就不会有较深的挫折感。因为本来就听凭命运的摆布，一切随波逐流，那么当不幸或不顺迎面而来时，他只会觉得那是其命运必然伴随的一部分，轮不到他去抵抗，他所能做的，就是逆来顺受。当逆来顺受成为其人格的一部分时，挫折感就成了陌生的词语。当然同时，他的人生也就灰暗无光。然而那些追求成功、企盼辉煌人生的人们却始终甩不掉挫折感。即便在常人看来，他们事事顺意，可在他们的内心深处，却照样在经受挫折——因为所谓顺意的现实离他们自我实现的人生目标还相距甚远。

挫折有主观和客观两种形式。主观的挫折是一种自我感受，即自我感受努力失败。客观挫折是一种外部评价，即外部人员评价当事人的努力没有成功。主观的挫折是因人而异的，它和人们的抱负有着密切的联系。

挫折几乎是所有追求成功的人们都无可逃避的"冤家"。即便你"胸无大志"，即便你是所谓的芸芸众生，你也很难逃脱各种各样的挫折经历：失恋、失业、落榜、不育、流产堕胎、离婚、遭到强奸、火灾、水灾、被盗、贫困、残疾、遭到妒忌和诽谤、经受暗害和打击、家庭不和等等，甚至遇上挑剔的同事、无能的上司或者脾气秉性截然不同的兄弟姐妹。

由于误解或其他原因造成的摩擦和不愉快就会使你感受到人生的无趣、人情世故的炎凉，失落感、挫折感就会光顾你抑或攫住你。

假如你不甘成为"芸芸众生"，然心存所谓的大志和理想，那么挫折感无疑更会成为你不请自来的常客。当你的理想不能顺利实现时，当别人嘲笑你的"好高骛远"时，你就会产生受侮辱的感觉，于是，失眠、忧虑、恐惧、悲观乃至偏执狂等情绪反应就会不时光顾你的精神世界，有些人甚至产生自杀的念头。

但挫折对于人的发展又是一个有益因素。因为任何挫折都包含着价值，善于利用这些价值，等于扫清了前进道路上的障碍，同时又为你继续克服各种各样的障碍奠定了基础，而这种克服挫折的能力，正是成功者所不可缺少的。所以，是让先前的挫折毁灭你，还是在挫折的基础上走向成功，全在于你的立场和态度，你是掌握挫折命运的主宰。

当挫折来临时，不要恐慌，以至于手足无措。

1. 要冷静观察事态之演变，而不要使其日益恶化，正如葛雷哥利所做的那样。当一切都将无可改变时，你只有改变自己，对人生赋予新的解释：虽然一切都发生了重大的变化，生活不再是从前的生活，但如果我不再以从前的目标作为既定不变的目标，而是做出明智的、切实可行的调整，那么，生活会重新张开它迷人的臂膀拥抱我。成功者的道路千条万条，不必一棵树上吊死。

只要你对人生赋予新的解释，任何挫折都不能将你摧毁。

2．以柔克刚地面对挫折，勇于认错。当我们面临挫折时，不要采用一条道走到黑的思路，而要反身自问：这一切，是否由于我的错误所引起？一旦发现确系自己的错误所致，就要勇敢地承认错误了，并进一步思考如何改善它、转变它。承认错误，把错误抛在后面，有助于你去获取下一个更大的成功。

3．改变认识，把绊脚石变成垫脚石。要认识到，挫折是对你的挑战和考验，这是成功者自然而然遇到的问题。挫折是阻止一个人继续走上歧途的有效信息。本来挫折是前进路上的一块绊脚石，但经过转化，它可以变成取得更大成就的垫脚石。

4．把危机变成机会。问题只能压倒弱者，唯有历经奋斗方能成为坚强的人。用积极的心态思考问题，采取适当行动，就能使你扭转劣势，反败为胜。

5．不要害怕受到批评，受批评往往意味着你的重要。在每一种行业中，领先人物必然随时受到各方面的注意，批评之声就越多。当你日益成功，位高权重时，就应预料到会有更多的批评与指责落到你身上，因为"木秀于林，风必摧之"。当别人把你攻击得体无完肤时，你要把它当成是你继续成长的一个必然现象。当别人批评你时，你要能集中精力做好自己的工作，并保持礼貌与友善的态度，还要正确对待别人的攻击性举动。

再坚持一下

有一位伟大的人物，他的名字肯定是世人都熟悉的，但是，他失业过。当时他很痛苦，但他下决心要当政治家、当州议员，可是竞选失败了。他又着手自己开办企业，可一年不到，这家企业又倒闭了。以后的17年间，他为偿还企业倒闭时所欠的债务而到处奔波，历尽磨难。他又一次竞选议员，这次成功了。第二年他订婚了，但不久，未婚妻却不幸去世了。他受到了精神上的沉重打击，心力交瘁，数月卧床不起，还得了神经衰弱症。两年后，他又参加竞选州议会议员，失败了。5年后，又参加国会议员竞选，仍失败了。3年以后，他又一次参加竞选国会议员，终于当选了。两年任期过去了，他竞选连任，但又失败了。这次竞选他赔了一大笔钱，于是申请当本州的土地官员，但未获批准。6年后，他竞选参议员，也失败了。两年后，他竞选美国副总统提名，被对手击败。又过了两年，他再一次竞选参议员，还是失败。

这个人尝试了11次，可只成功了两次。失业，情人去世，企业倒闭，多次竞选败北，要是你处在他的位置，你会不会早就放弃了呢？

这个在9次失败的基础上赢得成功的人，便是林肯，他一直没有放弃自己的追求，一直在做自己生活的主宰，终于当选为美国总统。

训 练 指 导

林肯遇到的"敌人"，你我都曾经遇到过，只是这些"敌人"的面貌各有不同罢了。他面对困难没有退却，没有逃跑，他坚持着，奋斗着，压根儿就没想过要放弃努力，他不愿放弃。就像你我一样，林肯也有自由选择的权利，他完全可以退缩不前，但坚强的意志没有让他后退，而是使他不停地前进，终于成为"具有坚强意志的普通人"。

当你有了问题，特别是难以解决的问题时，可能会让你懊丧万分。这时候，有一个基本原则可用，而且永远适用，这个原则非常简单，就是"决不放弃"。放弃必然导致彻底的失败，而且不仅手头的问题没解决，还会导致人格的最后失败，因为放弃使人产生一种失败的心理，这种失败心理将会影响你的一生。

一个年轻记者问爱迪生："爱迪生先生，你对现在的发明曾失败过10000次有何感想？"爱迪生回答说："年轻人，我并没有失败过10000次，只是发现10000种行不通的方法。"爱迪生在发明电灯时，共做过14000次的实验，他发现许多方法行不通，但还是继续做下去，直到发现了一种可行的方法为止。这也证实了优秀选手与普通选手之间的唯一差别：优秀选手只是一位继续射击的普通选手。

不要因失败而变成一个懦夫。你尽了最大的努力还是没有成功时，不要放弃，只要开始采取另一个行动就行了。如果新的方法仍然行不通，那么再换一种方法，直到你找到解决眼前问题的钥匙为止。任何问题总有一把解决的钥匙，只要继续不断地、用心地循着正道去寻找，你总会找到这把钥匙的。

有一个有趣的实验很能说明"再坚持一下"的重要性，虽然这是对鱼的实验，然而你能发现，你就像那条鱼一样，在现实生活中，很容易放弃努力。

你是否熟悉鲮鱼的脾性？鲮鱼很喜欢吃鲦鱼。有人用窗格玻璃把一个水池隔成两半，在一边放进鲮鱼，在另一边放进鲦鱼。开始时，鲮鱼飞快地往另一边游，要去吃鲦鱼，可一次次都撞在挡板玻璃上，通不过去。一会儿工夫，就再也看不到鲮鱼往那边游了。鲮鱼放弃了努力。更有趣的是，甚至当实验者把玻璃抽出来后，鲮鱼也不再尝试去吃鲦鱼了。鲮鱼对吃鲦鱼失去了信心。

人们的现实生活何尝不是如此？在很多情况下，把你同你的目标分隔开来的玻璃挡板实际上早已不存在了，可你已经放弃了努力。假如你再去试一次，你或许就会成功。

不是每个人都会去"再试一次"的，只有意志坚强的人才能够做到。那么，怎样才能够拥有那发挥巨大作用的坚强意志呢？

1. 社会实践是铸造意志的大熔炉。实践，是人的心理活动产生的基础。人的意志就是在实践活动中产生和发展的。要培养和锻炼自己坚强的意志，绝不能靠单纯的主观沉思和反思，必须参加各项社会实践，如生产劳动、科学实验、实习、课外学习活动、旅游等等。只有通过这样那样的实践活动，并在实践活动中克服大大小小的困难，才能逐步锤炼一个人的坚强意志。

2. 充分实现意志作用的途径——读书学习。人的意志与知识有着密切关系，只有掌握知识，运用知识，才能认识客观规律，有效地改变客观世界，充分实现意志的作用。意志的锤炼，离不开理想的确立，远大理想的激发，总是伴随着人生境界的开拓。读书学习，可以开阔一个人的心境，有利于确立远大的理想。

3. 用体育锻炼来练就坚强的意志。体育活动是青少年增强体质、锻炼意志的最好活动之一。通过体育锻炼，不仅能形成健康的体格，还能培养一个人的勇敢、机智、坚强、果断、勤奋、团结的意志品质。青少年在体育活动中，如何加强意志锻炼，应根据每个人的实际情况，采取有针对性的训练措施。具有急躁冒失、轻率这种个性特征的同学，可着重训练沉着、耐心、细心的品质；胆小怕事、优柔寡断的同学可注意培养大胆、果断、勇敢的意志品质；缺乏自制力就应该加强"自我锻炼"，提高控制自己行动的能力，培养坚持性的意志品质。例如：长跑可以锻炼一个人的耐性；滑冰可以锻炼一个人的勇敢；球赛可以锻炼培养人们的团结合作奋战的精神。

4. 从日常生活的小事做起。一个人的良好意志品质，不是与生俱来的，而是在生活的实践中形成和发展起来的。严格说来，意志品质的培养，就是从许许多多的小事开始的。只有在千百件小事上严格要求自己，克服困难，锻炼自己的人，才能具备坚强的意志，达到自己理想的目标。

顽强的意志力

　　有这样一个惊险的故事：一位风华正茂的飞行员驾驶一架单引擎的飞机在荒漠的山地飞行。不料半途中，一股突然袭来的上旋气流将飞机高高举起，之后又抛向地面，机翼擦过山峰，飞机失事了。这个飞行员没有死，但他的手臂却被死死地夹在驾驶舱的金属板之间。由于失去了无线电联系，地点又很偏僻，基地飞机救援和搜寻都不可能。这位飞行员面对慢性死亡的处境，看着自己正在流血的手臂，毅然用飞行刀截断了自己的手臂，并且用火对伤口进行了止血和消毒处理，凭自己坚强的克服困难的决心和意志力从死神的威胁中走出来。这就是意志力对战胜困难的作用。如果这个飞行员是一个意志力薄弱的人，他会期待外界的帮助，用各种幻想来掩饰内心的怯弱，他也会知道斩断手臂可能获得新生，但又无法忍受眼前非人的痛苦，只能在迷茫和矛盾中失

中学生个性心理塑造

149

去生存的机会。

一个缺乏意志力的小学生，会因为整天迷恋于游戏机不能自控而荒废了学业；一位缺乏意志力的男青年，因经受不住失恋的打击而导致抑郁症……凡此种种，生活中这样的例子很多。可见，意志是一个人事业成功的保证，是心理健康与否的标志之一。做事贵在持之以恒，一个缺乏意志力的人不仅会在事业上因一事无成而抱憾终生，而且会经受不住生活中一点小小的挫折和打击而造成严重的心理创伤。

什么是意志？意志是人为了达到一定目的自觉地组织自己的行为，并与克服各种困难相联系的心理过程，它是性格的核心。它的作用在于使人自始至终地朝着预定的目标，排除干扰。"有志者事竟成。"你是一个意志的强者吗？让我们一起看看坚韧不拔的意志有哪些特点和具体表现。

意志品质的特点有：

1. 有高度的自觉性。自觉性即对自己行动的目的有正确的理解，并能主动地提醒自己去行动。意志力弱的人常要依赖别人，要别人决定该干什么，控制自己的行动，缺乏自我把握的能力。而意志力强的人则有明确的自我定向，有客观而现实的目标和追求，知道自己的行为取舍，并对自己的行为负责。

2. 坚毅性强。坚毅性即坚韧不拔，为达到目的克服一切困难和挫折的能力。一个缺乏坚毅性品质的人肯定不具备坚强的意志力，会因一点挫折和困难就轻易放弃自己的目标和追求，反之则会百折不挠，坚定不移，不管遇到什么困难，都能坚持到底。

3．行事果断。果断性就是选择目标、采取行动都能迅速坚决地做出决断的能力。缺乏果断的人做事总是犹豫不决，缺乏信心，或迟迟不能做出决定，或决定的事不能立即执行，或执行过程中遇到问题不能及时修正方案，没有坚强的意志。

4自制力强。自制力就是善于控制自己的情绪而有意识地调节和支配自己的思想和行为的能力。自制力差的人会为一时的感情冲动而丧失理智，会因任性而放纵自己，我行我素，听不进别人的劝告和建议，更不用提意志了。

5．勇气充足。勇气即在困难和危险面前，敢于挺身而出、表达自己意愿和做出自我牺牲或冒险的胆量。它是意志力的最高境界，是意志力的升华，是胆小和懦弱的劲敌，是开拓和进取的朋友。从以上的特点和表现中我们可以看出，意志力弱不是一朝一夕就可以克服的，也不是不可培养改变的。那么，究竟该如何培养呢？

1．意志力的培养不可操之过急。比如，你在制订学习计划时不必把以后好长时间所要达到的目标都想出来写在本子上。不妨心中有个大目标，然后把这个大目标分解成若干个小目标，一天一天去实现。学习外语时，你可要求自己每天记住10～25个单词，可以说每天记十几个单词是轻而易举的事，但是你必须坚持每天都完成任务。坚持一段时间，如一个月，你就可以自我奖励一下，也可找人来奖励强化。几个月下来，你会发现学习和意志力都有收获。

2．坚持锻炼身体。如长期慢跑能增强信念，培养毅力。每天早晨坚持跑几公里的路程，即使天气不佳也坚持下去，做到风雨不误。你可以把这件事看成以后成功的象征，一旦坚持下来，就意味着你日后定能有所成就，否则你将一事无成。这是自我加压的一种方法。你还可以找外界压力，比如找个你尊敬的人监督你，或与人竞赛等。长期、艰苦的体育锻炼能磨炼出你不怕苦、不怕难，知难而进，始终如一的意志品质。

3. 寻找精神力量激励自己。如摘抄名人警句作座右铭，找伟人作为偶像力量，与身边优秀同学交往，作为榜样学习，时刻提醒自己，慢慢形成好习惯，最后得到好成绩。

世界上就怕认真二字

训 练 内 容

有一天，几个卫士打算将毛泽东书房里的大沙发搬到另一个房间。门小沙发大，试过几次都挪不出门，只好又放回原处。

毛泽东在沙发旁左右踱步，时而望望沙发，时而环顾书房，时而瞥一眼门，之后慢吞吞地问卫士："有件事我想不通。你们说，是先盖起这间房子后搬来沙发呢？还是先摆好沙发再盖起这所房子呢？"众人笑起来："盖这房子的时候中国大概还没有沙发呢。"

仿佛毛泽东的一番发问触动了卫士们的灵感，他们动脑筋变换方向，几经辗转，终于将沙发搬出了门。

毛泽东看卫士们兴头挺足，便问道："怎么样啊？有什么感想？"

"主席说得对，是先盖房子后搬进沙发。"

毛泽东笑了："我也受到一个启发，世界上干什么事都怕'认真'两个字，我们共产党人就要讲究认真。"后来，毛泽东在莫斯科会见我国留学生和实习生时，将这句话精炼成"世界上就怕'认真'二字，共产党就最讲'认真'"。

使人成功的因素很多，认真就是其中必不可少的品格。无论是在学校，在工作岗位上，还是在家庭中，认认真真做事，老老实实做人，这种爱岗敬业的精神会使你获得意想不到的成果。在学校中，不认真的尖子生你找不到。1992年年终岁尾，天津南开大学、上海复旦大学等6所高校对241名各省市高考"状元"的学生学习和生活习惯进行摸底分析，证实他们的个性中无一不有认真的品质。

北京市国际信托投资公司总经理张虹海当中学学生会主席的时候就养成了一个习惯：召集开会一定要一个一个地通知本人。对人们习以为常的小事他也很认真。这种秉性使他大学毕业后留在了校团委，后又担任北京团市委副书记、市青联主席、市政协常委等。

美国社会历史学家约瑟夫·凯恩，曾对世界上12个发达国家的26个先进民族的心理素质、行为习惯进行综合调查，发现他们除了吃苦耐劳、勇敢顽强、善于开拓外，一个共同的优点就是：干事认真。

英国牛津大学社会人才学家史密斯·泰勒教授通过对爱因斯坦、爱迪生、富兰克林、牛顿等56名在历史上有过重大发明和发现的大科学家进行系统研究，证明使他们成功的一个重要因素同样是两个字：认真。

推而广之，任何职业、任何岗位都离不开认真：工人不认真，生产不出质量高档上乘的精品；医生不认真，会给患者误诊危及宝贵的生命；艺术家不认真，就不会有炉火纯青令观众倾倒的绝技；而一个耕作不认真的农民，谁又相信他经营的田地能获得丰硕的收成呢？

世界上没有一件不认真去做就能成功或者做出色的事情。

不认真是成才的绊脚石，阻碍你认真的根本原因在于懒惰和不负责任。

由于懒惰，你总是投机取巧，做事力求简单、快速，马马虎虎、三下五除二了事；由于懒惰，你不愿去仔细思考如何才能将事情做得更好，你放松了对自己的要求，以"行啊，差不多就行了"来对待学习和工作；由于懒惰，你总是能少干就少干，从不愿花费精力去额外地完成一些工作。

由于缺乏责任感，你以玩世不恭的态度对待生活；由于缺乏责任感，你不认为事情没办好是你的责任，自然不会主动认真；由于缺乏责任感，你也不知道要对自己的行为负责任，因而随随便便地对待自己的一切，不思进取。

培养认真的品质应从现在开始：

1. 勇于自找麻烦。学习多问几个为什么，解答了这些为什么，漏洞就可以弥补了，就不会因疏忽而出错了；不要怕费时，慢做题，多检查，久之，认真将会带给你最好的成绩。工作中，不怕麻烦地多思考如何做才能使工作做得最好，不要只满足于过去的某种做法。尽心尽力地工作自然是一种认真，但也不能认为只做好本职工作就可以了，真正的认真需要你在做本职工作的基础上，能完成其他一些相关的任务。列车售票员的职责是：将票卖给乘车的旅客并提醒下车车站。但是李素丽却身兼多职：售票员、导游、天气预报员、"电视报"、"城市交通图"等等，这才是认真的典范。

2．在生活中，从每一件小事做起。洗衣服时要洗干净，穿衣服要穿干净的，屋子要收拾齐整，也就是说干什么像什么，以这种精神处事，将会锻炼你的各种能力。

3．对待自己和他人要力求说到做到。承诺过，就一定要实现，实在实现不了，也一定要说明原因，不能以满不在乎的方式空口许诺。

认真和马虎是截然不同的两种品性，马虎是认真的对头，克服马虎的方式也可以用来培养认真。认真就从你现在读这篇文章做起，认真地按照所介绍的方法去做，那么，认真这一良好的态度将会成为你个性的一方面，为你走向成功打下基础。